# 不怕万人阻挡
# 只怕自己投降

王新芳 著

哈尔滨出版社
HARBIN PUBLISHING HOUSE

图书在版编目（CIP）数据

不怕万人阻挡，只怕自己投降 / 王新芳著. —哈尔
滨：哈尔滨出版社，2018.1
ISBN 978-7-5484-3762-8

Ⅰ. ①不… Ⅱ. ①王… Ⅲ. ①成功心理－通俗读物
Ⅳ.① B848.4-49

中国版本图书馆 CIP 数据核字（2017）第 286083 号

书　　名：**不怕万人阻挡，只怕自己投降**

作　　者：王新芳　著
责任编辑：张　薇　赵宏佳
责任审校：李　战
封面设计：十　三

出版发行：哈尔滨出版社（Harbin Publishing House）
社　　址：哈尔滨市松北区世坤路 738 号 9 号楼　　邮编：150028
经　　销：全国新华书店
印　　刷：北京嘉业印刷厂
网　　址：www.hrbcbs.com　　www.mifengniao.com
E－mail：hrbcbs@yeah.net
编辑版权热线：（0451）87900271　87900272
销售热线：（0451）87900202　87900203
邮购热线：4006900345（0451）87900345　87900256

开　　本：880mm×1230mm　　1/32　　印张：8.5　　字数：140 千字
版　　次：2018 年 1 月第 1 版
印　　次：2018 年 1 月第 1 次印刷
书　　号：ISBN 978-7-5484-3762-8
定　　价：39.80 元

凡购本社图书发现印装错误，请与本社印制部联系调换。**服务热线：**（0451）87900278

# 序言

## 每天向梦想靠近一点

窗外下着大雪，我坐在电脑前敲字，内心宁静且安稳。一个朋友问我："你天天写啊写的，有意思吗？"我笑着回答："我觉得日子很有滋味。"也许她无法理解，怀揣梦想，才是生命的价值和幸福所在。

有些人对生活不满，想要白色拖地长裙，却只得到一条黑色露腿短裤；想要出人头地，却总埋没于人群；渴望走向远方，却总徘徊于现实，感受着人世沧桑。人生不能没有梦想，鲜花不会介意生长在破陋的花盆里，梦想也不会介意扎根在一个普通的身体里。关键是你是否勇敢地迈出了第一步，是否付出了足够的努力。

薛瓦勒是一位平凡的邮差，每天穿梭于宁静古朴的乡村，尽职尽责地传递着他人的"悲欢离合"。有一天，当他被一块美丽的石头绊倒时，他产生了一个梦想——要用石头建造一座城堡。人们认为他的精神出了问题，因为这个想法太异想天开。他却不以为然，每天找石头，运石头，晚上在家里空地上造房子。邻居们都在嘲笑他，亲戚们也都不愿搭理他。谁也没想到，三十年后，邮差的梦中城堡终于落成，它辉煌壮观，简直是一件独特的艺术品。一块承载了梦想的石头能走多远？请先用语言回答，再用脚步丈量。

还有一些人，天天都在抱怨，抱怨那些成功人士天生命好。却不知道，你看到的是别人表面的光鲜，看不到的是他们背后的辛酸。成功的花，不要只惊羡它表面的明艳！

我有个朋友在横店做群演，四年里扮鬼子死过 6000 次，还经常遭游客扔鞋。他一度打电话给我，语气里充满愤恨。他说，这个世界是不公平的，他的天赋不比那些明星差，为什么总是扮演路人甲？

我说，我给你讲个故事吧。

她是个遭人嫌弃的女孩，在她很小的时候，母亲就被关进了精神病院。而她，也可能慢慢成为和母亲一样的人。她住进了孤儿院，然后，被安置在某一个家庭里。只要接纳她，这个家庭每周就可以得到 5 美元。大部分家庭都有自己的孩子，他们永远排在第一位，穿着五彩缤纷的衣服，拥有所有的玩具。

她的衣服一成不变，仅有一件褪色的蓝色衣裙与一件白色的男士衬衣。每个周六晚上，全家人都要用一个澡盆洗澡，而换水是奢侈的，她永远是最后一个去洗澡的人。她的麻烦不断，那些孩子总是诬陷她是一个小偷。

她的世界里没有亲吻，也没有希望。在这样的窘境里，她总是通过幻想来取悦自己。她幻想她的美貌，所有人都为她倾倒；幻想自己出入某个豪华酒店，所有人走进就餐大厅时，都会大声赞美她。靠着内心的坚持，她长大，结婚，当电影演员并成为明星。1999 年，她被美国电影学会选为百年来最伟大的女演员之一，排名第 6，她的名字叫玛丽莲·梦露。

其实，我讲故事的本意无非是想说明，那些成功、励志的榜样，其实就是生活中的路人甲。不管你有没有醒悟并且开始执行，那些相信时间力量的人，已经在路上了。与其抱怨自卑，不如把别人的精神拿来警醒自己。我相信天赋的力量，更相信天赋背后的坚持。

伯尼斯·西格尔曾说过这样一句话：我认为，无论你是否赢得大奖或是你得知自己即将告别人世，你都将在接下来的 12 个月中做相同的事，这样你才算是过着真正属于自己的生活，在这一刻，你才活得有意义。人生很累，你现在不累，以后就会更累；人生很苦，你现在不苦，以后就会更苦。世界上没有人能真正帮到你，除了你自己。所以，不好好努力，怎么证明自己？哪怕每天只是向梦想靠近一点，也会有梦想实现的一天。

古保祥在他的《薄光禅》中说："薄光短，日光长，再长的岁月也禁不起懒与惰，华灯早已初上。"在匆遽的时光中，唯有梦想能与岁月相抗。我们每一个人都渴望成功，可是怎么样才能成功呢？希望本书能够给您一个答案！

# CONTENTS 目录

目录 CONTENTS

CONTENTS 目录

目录　CONTENTS

CONTENTS 目录

目录 CONTENTS

第一辑

像独狼一样勇者无惧，
做最好的自己

人生不完全是冒险，但人生中不能没有冒险之旅。

当你有了自己的梦想，就要跟着心走，

要像独狼一样，孤傲而又坚定地走向灵魂的奢侈旷野。

与其重复单调乏味的日子，不如选择丰富"折腾"的人生。

勇敢的创业者，才能收获满世界的风景，做最好的自己。

# 摔倒也是前进的方式

25 岁之前，他一直是个优秀的学生。从福建龙岩一中被保送上了清华大学，大学毕业后获得奖学金赴美读书。如果不出意外，他的生活会一直这样平稳而安逸。

他热爱生活，充满激情，崇敬甘地、乔布斯和富兰克林。在美国特拉华大学读博期间，他被甘地的一句话征服："欲变世界，先变其身。"创业就是他改变世界的方式，他希望活在一个更有希望的世界里，这样的世界他等不及让别人去建造。于是，他勇敢地做出了选择：中断学业，回国创业。

2003 年，他带着一个明确的创业项目登上飞机回国，和同学王慧文、赖斌强一起，开始做一个叫"多多友"的社交网站。这个网站的定位是通过朋友认识朋友，先注册，公布自己的一些信息或者昵称，就可以结交一些朋友。这个想法在当时很超前，但他失败了，败于无定位。

他不信这个邪，继续创业。第二个项目是做一个名叫"游子图"的照片冲印网站，主要是针对海外的朋友。国外数码很发达，而父辈不太习惯上网，游子图可以让海外的游子把数码照片发到国内，通过信用卡付费后，游子图把数码照片冲印出来送给他们的父母。想法非常好，但他不会推广。他又失败了，败于无市场。

连续的失败带来的是什么？是不甘心！跌倒之后，他又摇摇晃晃地爬了起来。开始准备第三个创业项目"校内网"。校内网发布三个月后，吸引了 3 万用户，增长迅速。这时的他早已不是那个坐在电脑后面的"键盘创业者"了，他的推广做得非常好。可悲的是，2006 年，校内网融资失败，他被迫低价转卖。这一次的失败，他败于没资金。

在一次次的失败中，他慢慢变得强大。始终保持着初心和永不停歇的追逐，一直在学习除开发产品之外，从融资、推广、运营到管理的一整套商业运作模式。付出不会白费，所有的努力都在为将来的爆发积蓄能量。

"校内网"之后，他另起炉灶，2007 年 5 月推出小众微博"饭否"，比新浪微博早了 2 年。2009 年，他的"饭否"因故障被关闭，到 2010 年 1 月，"饭否"依然开张无望。他没有放弃，一方面，他四处找关系试图恢复"饭否"的服务；另一方面，"饭否"的团队正在加紧完善产品，但做出的产品得不到用户反馈。年会上，没有一个人知道"饭否"的明天会怎样，当巨大的迷茫袭来时，他忍不住落泪了。这一次，因未能控制风险，他败于政策上的天真。

"饭否"的关闭是他创业几年来的一个分水岭，之前，他是一个"极客"，一个连续创业者；此后的他开始努力学习传统商业的管理规则，用数据驱动的高运营效率降低未知感，将"极客"理想与商业融合。

创业期间，他的心态老了10岁。在商业世界摸爬滚打的经验教训，使他更加注重学习。2010年3月4日，他的"美团网"正式上线，引起广泛关注。这是一家很有意思的网站，非常外行但又做得特别认真。创始人特别重视诚信和用户感受，他用"真诚"赢来消费者。这一次，他成功了。美团成了中国最早、口碑最好的团购网。2010年，美团获得"红杉资本"超过1000万美元的风险投资，2014年全年交易额突破460亿元。

他就是王兴，美团网的CEO。当总结自己成功的经验时，王兴笑言："我是在不断摔倒之后才成功的。这让我明白，摔倒也是一种前进的方式，任何时候，都不要放弃勇敢和坚持，这是成功最重要的因素。"

# 走一条别人没走过的路

　　一个只有小学文化的 80 后，竟然当上了一家公司的 CEO，当你以奇怪的目光打量他时，他会自信地告诉你：这没什么稀奇，因为我是天生的创业者。

　　他叫郑亚旗，光头，穿大地色系衣服，戴一顶鲜红的网球帽。他的父亲是郑渊洁，中国最成功的少儿文学作家，人称"童话大王"。作为名人的儿子，他不知道是幸运还是不幸运。

　　幸运的是，郑亚旗的童年没有升学压力、考试排名。上完小学他就辍学了，开始在家接受父亲的私塾式教育。郑渊洁为儿子编写了 10 本童话式的"教材"，内容涉及数理化、语文、哲学、法律等，亲自授课。郑亚旗的童年无比开心快乐。

　　不幸的是，从小郑亚旗就被爸爸告知："18 岁之前你要什么我给你什么，18 岁之后不论你要什么我都不给。"爸爸有钱，却不是自己的，必须经济独立。郑亚旗觉得，自己天生就是创业者。

　　16 岁，郑亚旗开始炒股，两年时间，积累了一定的经济基础。18 岁生日，爸爸送给郑亚旗一辆奥迪。爸爸说："你 18 岁了，在家里住要交房租。"郑亚旗说："我不交，因为我要搬出去，交给你还不如自己出去交。"

　　炒股不赚钱了，郑亚旗想找份工作养活自己。但是，没有文凭找工作是非常难的。好不容易有了一次面试机会，老板看着他，站起来摸了摸他的腿说："你是北京户口怎么可能小学毕业？你这是假肢吗？"他说："不是。"老板说："太遗憾了，你要是残疾人我就雇你了。"

　　一时找不到工作，郑亚旗很着急，于是，就开着奥迪每天到超市去做搬运工扛鸡蛋，一扛就是三个月。后来，他终于在报社找到第一份工作。他珍惜机会，努力工作。两年里，他从普通的技术部员工上升到技术部主任。到了这个级别后，他发现事业单位并不适合他。于是，他选择创业。

　　郑亚旗的创业之路与众不同，他要"开发"老爸，将"皮皮鲁"品牌发扬光大。2010年，郑亚旗创建了北京皮皮鲁总动员文化科技有限公司，任CEO。他要将父亲笔下的虚拟人物变成摇钱树。但是将一项完全靠兴趣的事业商业化并非易事，哪怕这事业看起来足够绚丽和前卫。

　　对于把郑渊洁的作品改编成漫画出版，郑亚旗信心满满。他找了一个画画工作室帮他画，然后自己负责排版。图书出来后，发行是个问题。他没有人脉，又不想借助父亲的资源，就自己跑到北京的图书批发市场，四处寻找发行商。好不容易找到一个发行商，结果前三期就把他 80% 的积蓄赔进去了。因为，发行商跟他签的合同都是霸王条款，挣了两人分，赔了全是他的。

有了这次惨痛的教训，郑亚旗没有灰心，开始向很多创业成功者学习经验，提升自我，在摸索中寻求公司的稳步发展。

为了提高图书的质量，郑亚旗毙掉了郑渊洁新写的 60 篇"迷你皮皮鲁童话"中的 42 篇。现在这份画册已变身为一本杂志，成了郑亚旗开展校园活动的"特刊"。但如果一直靠郑渊洁推出新作品来维持商业运作，肯定是一个不可持续的做法。现在，郑亚旗热衷于将皮皮鲁品牌从图书领域向网游产业延伸，"Z 星球"就是产品之一。

2005 年 5 月，郑亚旗和长影集团合资成立了长春长影大灰狼实业有限公司，买断了郑渊洁所有作品的影视著作权和周边产品开发权，自己担任副总，负责整个影视动漫的拍摄和统筹。他要像运作迪士尼那样来运作郑渊洁的那些童话故事。

作为 80 后创业先锋，郑亚旗受到很多粉丝的热捧。在一次演讲中，郑亚旗谈到自己的创业初衷。他说："我头一次看火车时就觉得它可怜，它们终生被禁锢在固定的轨道上，每天重复着同样的路线。在观看了十几列火车疾驰而过后，我决定脱轨，走一条没人走过的路。"

　　与其重复单调乏味的日子，不如选择勇敢折腾的人生。天生的创业者，自然能收获自由和满世界的风景。

## 米有沙拉的冒险之旅

她是典型的 85 后"女汉子"，也是一个超级学霸。毕业于国内高等学府：北大，又拿到港大金融硕士学位。她是最早的穷游爱好者，也是不折不扣的吃货。在她身上，既有一个三好学生所具备的优秀品质，又有叛逆女生多彩的青春世界。她叫王令凯，"米有沙拉"的 CEO，半年内开了 5 家店的创业狂人。

在朋友眼中，王令凯是个聪明、贪玩、叛逆、天不怕地不怕的假小子。学习成绩虽好，却从不随大流。从大一开始，在学校，基本上一个学期有 3 个半月找不到她，她大部分时间都花在打工和旅游上。她曾经一个人搭车去内蒙古，5 次去西藏。在猪棚和猪同眠，经历无数次塌方、泥石流，穿着单衣在海拔 5000 米的雪地上瑟瑟发抖，在下着冰雹的草原上和狼竞赛比速度。旅行不仅让她看见了世界，更让她重新认识了自己。

在清迈，她遭到一群人的恶意围攻，是一位新加坡男孩解救了她，并且请她吃了沙拉。她第一次见到五花八门的沙拉，第一次知道沙拉居然可以当主食。印象中的沙拉不就是几片蔬菜，几样水果，稍微丰盛点的，顶多再加点金枪鱼之类。然而这次她被沙拉震惊了。新加坡男孩也被她的表情震惊了，中国居然没有这样的沙拉店？争强好胜的她当即许诺，一年后你来中国，一定也让你吃到这么好吃的沙拉。

一个简单的约定，让王令凯决心去开一家沙拉店，让沙拉成为人们的主食。得知这个消息时，身边的人认为她疯了，名牌大学的高才生，放弃月薪 10 万的高薪工作去卖沙拉，有点太冒险了吧？王令凯不以为然，一成不变的生活不是自己想要的，新奇的生活方式才是人生必备的体验。

开店之前，王令凯用了 8 个月时间，走了 7 个国家，向顶级的厨师和餐厅学习如何做沙拉，例如，食材的选择，沙拉酱的制作，开店的运营流程……在借鉴的基础上，她还研究了如何把国外食客的沙拉口味和中国食客的口味对接，争取使做出的沙拉既有国外沙拉的优点，又兼顾本土化的需求。

学成回国，王令凯就着手找店铺，招人，装修，一系列的开店准备工作开始了。前期管理团队只有她一个人，凡事都要亲力亲为。店内设计，桌椅拼装，墙上的瓷砖粘贴，和各种人沟通打交道，王令凯一人承担各种角色，每天只有 3 个小时的睡眠，这让她的身体几乎垮掉。当快要撑不下去的时候，她告诉自己，一定要像拔节的竹子一样，先在地下扎好根。在疯狂的工作状态下，仅仅用了 10 天，她的第一家沙拉店就开业了。

　　王令凯的野心很大，她给自己的店取名为"米有沙拉"，口号就是把沙拉当作主食。她要改变中国人的饮食习惯，打造沙拉界的"星巴克"。新店一开张，就有很多粉丝前来捧场。来到米有沙拉的有学生、白领、商务人士，甚至有很多外国人。他们在品尝米有沙拉后，都觉得"沙拉可以当主食"并不仅仅是一句口号，而是真正能让他们品尝的美味正餐。在没有做任何宣传的前提下，仅靠口口相传，米有沙拉开业第一个月就赢利了。顾客回头率高达 95%。

　　随后，王令凯用了半年的时间，不断地听取顾客的意见，改良沙拉的配方，不断地更新菜单，研发出了 100% 好评率的"热沙拉"。米有沙拉的每一份沙拉，都包含了十几二十种最新鲜的食材，经过营养学家精心的称重、配比、测算，确保每一餐都符合人体所需的营养，符合现代健康推崇的"平衡"理念。半年时间，米有沙拉开了 5 家店，引起了投资界的关注，无数投资人踏破了门槛，均被婉拒。这使得这家店，以及创始人王令凯在"创投圈"成了一朵"奇葩"。

　　从女学霸到创业达人，王令凯的人生就像一朵绽放的花，摇曳在众多年轻人的心海里。在记者的一次采访中，这位高颜值美女谈到了自己的创业体会，并展望了今后的发展前景。她说："人生不是冒险，但人生中不能没有冒险之旅。有了自己的梦想，就跟着心走，要像独狼一样，孤傲地走向灵魂的奢侈旷野。我要把米有沙拉做成一个品牌，让吃沙拉成为人们不可或缺的习惯。"

## 打印煎饼的清华男

听说过"3D 煎饼打印机"吗？它是一套载有 3D 打印系统的煎饼机器，可以将在电脑或者手机上绘制的图案按照一定的流程摊成煎饼。生产这款打印机的"小飞侠"公司，两位 CEO 分别是清华毕业生吴一黎和施侃乐。

吴一黎，是中国计算机软件专业第一届面向高考招生的学生，他的人生格言是"用创业注解青春"。毕业后，他先是去了甲骨文公司，工作了三年后，他不再满足于这样中规中矩的生活，毅然辞职，做了一个问答网站和一个团购网站。2010 年，正好赶上团购网站的"烧钱大战"，吴一黎没有逃脱资金链断裂的厄运，第一次创业失败了。

随后，吴一黎去 IBM 负责大中华区电子商务业务软件销售等业务，年薪超过百万。生活富足，日子安稳，但吴一黎内心深处一直有个声音，那就是自己创业。三年后，他觉得应该再给自己一个机会，再次选择辞职创业。在妻子的支持下，他专门去学习了摊煎饼技术，筹集资金，在北京开了一家"食好运"煎饼店。

一个 8 平方米的房子里，40 多摄氏度的高温，没有电扇，拖地时一弯腰汗水如雨而下，每天有忙不完的杂事儿要处理。创业初期的困难很多，吴一黎都一一克服了。他踏实地经营着煎饼店，根据每日不同时段、季节乃至店面开设地点等综合考量而研发出特色小吃及饮品，他开发出的煎饼健康营养、深受大众欢迎。一张简单的煎饼做出了"博士"水平，一年内开了4家分店，每家店都人气爆棚。

一次同学聚会，吴一黎见到了提供3D打印设备与服务的"清软海芯"的老总，同时也是他的同学——施侃乐。施侃乐在聚会时说的一句玩笑话——"用3D打印来做煎饼吧"，点燃了两个团队的合作创业热情。"食好运"和"清软海芯"合资组建了北京小飞侠科技有限公司，在他们的团队里，竟然有16名清华毕业生。

新公司成立后，把侧重点放在了3D打印平台的构建上，他们想让3D打印机智能化、傻瓜式，三岁小孩都能用。基于这个定位，他们制造第一台3D煎饼打印机的想法很快进入研发阶段。由于煎饼机放大了3D打印研发过程中遇到的复杂流体成型问题，煎饼机不再是单纯的煎饼机。它的研发遇到很多困难，但他们没有气馁，而是以清华大学严肃、努力、把问题解决到极致的精神去面对。

在硬件上，施侃乐和他的团队前后更新过4次，在软件程序上，他们更是修改了无数次参数。"为了打印一张茶杯垫形的煎饼，总共打了超过一万根线条，才打出均匀的可控制的线条。"据施侃乐介绍，仅仅是融合煎饼打印的部分代码就耗费他们团队半年多的时间。

　　在大家的共同努力下，第一台 3D 煎饼打印机诞生了，打印一张煎饼最快只需 2 分钟，最慢 5 分钟。一个人凭手工最多能同时摊 3 张饼。但是用 3D 煎饼打印机，一个人可以同时照看 20 台机器。使用 3D 打印技术，第一次把煎饼这种古老食品的制作由人变成了机器。3D 打印的煎饼还力求在口感上也做到独特。"我们的原料选用的是纯牛奶、鸡蛋、黄油、蛋糕粉，没有一滴水。"吴一黎介绍说，"为了声誉，我们会要求购买商的食材也要达到这个标准。"

　　3D 打印的煎饼自面世起，受到顾客的热烈欢迎。3D 打印的煎饼不仅新鲜有趣，还能够调节人们的心情。有一个小男孩不喜欢吃早餐，他的爸爸用 3D 打印机打印出他喜欢的涂鸦图案，结果他很开心地吃掉了煎饼；恋爱中的情侣难免闹情绪，女朋友生气了，男朋友就打印一个有自己头像的煎饼，并配上"对不起"的字样送上门去，一下子就把女朋友逗笑了。

　　自从被媒体报道以后，3D 煎饼打印机就被持续关注，在"小飞侠"和"南极熊"联合发起的预订活动中，已有近千份购买申请。由于"小飞侠"融合了海芯科技强大的 3D 打印研发能力，和"食好运"这个既有情怀又极好吃的煎饼，目前已经获得了徐小平千万元的投资。

用清华学生的钻研精神去做煎饼，初试啼声，一鸣惊人。其中饱含着对技术的热衷，对生活的热爱，这一群清华毕业生从未忘记自己的使命。"小飞侠"3D 煎饼打印机意外火爆，受到大众的喜爱，他们将会做到极致，把 3D 科技应用于普通老百姓的生活，满足无数吃货对美食的热爱和追求。

# 卖烧烤的 CEO

　　说起卖烧烤，你一定不会觉得稀奇，不过是街边小贩养家糊口的手段而已，能有什么大出息？可如果我告诉你，有个人因为卖烧烤，1 年净赚 100 万元，3 年坐拥全国 500 多家加盟商，成为身家近千万的董事长时，你是否怦然心动，想知道他成功的秘密？

　　高建晓出生在河南新野一个农家里，18 岁时，新野遭遇旱灾，家里颗粒无收。为了供弟弟继续读书，他选择辍学，揣着 80 元路费，一个人到武汉打工。没有文凭，没有特长，找工作很不容易。他先是在建筑工地当搬运工，后来又送过快递，捡过垃圾，甚至一度饿昏街头。最后他来到一家烧烤城做起烧烤工作，虽然挣的不多，但生活渐渐稳定下来，因此他格外珍惜这份工作。

　　烧烤城客流量大，生意火爆。时间一长，高建晓萌生了自己当老板的想法，于是便开始有意识地积累经验。每次顾客吃完从他身边走过时，他都会满脸堆笑地问："味道怎么样啊？""提点意见吧？"然后，再根据顾客的反馈耐心琢磨，很快摸索出了一套"对症下药"的方法。几个月后，高建晓熟练掌握了顾客所说的微辣、香辣和劲辣三种口味辣椒应放的分量，以及酒香味、鱼香味、麻辣味等烧烤方法。再加上他拿捏火候恰到好处，在色香味俱全的诱惑下，顾客们闻香而来，爽快而归。

顾客多了，什么人都会遇见。一天，一个顾客突然要求"退货"，原因是太辣。高建晓知道这是故意刁难，因为一开始这位顾客没提任何要求。对这样的顾客，他一般是做成微辣或者不放辣。那个顾客说："我要一点辣椒都不要的，否则我脸上会长痘痘，而且还会便秘。"连微辣都不敢吃，那烧烤还有什么味道？高建晓心想。但顾客是上帝，高建晓只得重做。

面对刁难的顾客，棘手的问题，高建晓开始困惑，甚至动摇了自己创业当老板的梦想。有什么办法能消除顾客吃烧烤上火的问题呢？

春节时，高建晓回乡过年。别人忙着走亲访友，他却天天待在一位当地有名的老中医家里。他向老中医请教："有没有可以防治上火的中药？"老中医说："这对中医来说太小儿科了，一些中药不仅有防治上火的功效，而且能健胃、防癌！"高建晓不禁心潮澎湃："如果能研究出一种加入中药防治上火的烧烤配料，那不就能消除顾客吃烧烤上火的顾虑了吗？"

想到就做，高建晓每天求着老中医帮忙做实验。功夫不负有心人，经过半年的努力，他们研制出了烧烤的中药配料，即在原来的香辣配方中添加中药成分，比如，甘草（清热解毒降火）、白芷

（去腥）、良姜（去油腻、健胃）、肉桂（增香、健胃）、冰糖草（清
热降火），等等。每种味道的烧烤料添加的中药材品种和分量都不
一样，可以快速腌制各种肉类，让烤肉入味。

实验成功后，高建晓拿出自己仅剩的 1000 元钱，购买了老中
医中药烧烤配料的使用权，南下来到浙江台州，开起了烧烤小摊，
自己做起了老板。他做的烧烤非常独特，克服了烧烤"易上火"等
缺点，把中药与小肉串结合起来，烧烤时香气四溢，诱人食欲。烤
出的食品色泽金黄，酥滑鲜嫩，让人越吃越想吃。不到三个月，他
做的烧烤就在当地小有名气，慕名而来的食客络绎不绝。在有关部
门组织的活动中，还被消费者评选为"台州市特色小吃"。

不久，高建晓去国家商标局为"小肉串"申请注册商标，成功
实现了古老小吃与现代网络的"嫁接"，不仅 1 年净赚 100 万元，
而且 3 年就坐拥全国 500 多家加盟商，成为身家近千万的董事长。

一个曾经落魄街头的打工仔，竟然凭着烧烤这门小小的技艺，
31 岁就成了"阳光阿里"的总裁。这么说来，只要"拍好"了顾客
和规则的"马屁"，小生意一样可以赚大钱。

# 名校学子的卖菜江湖路

"辉记猪肉新上了一批去皮五花肉，10 点开抢，瞬间秒杀，我抢到了 100 斤肉。""白菜卖 10 斤是普通款，卖 1000 斤是爆款。秒杀、折扣，买十送一。"菜市场里，餐厅老板和卖菜的不时在谈话中冒出一些互联网电子商务词语，而改变了他们生活的是一个年轻人——黄礼君。

黄礼君就读于北京大学化学院，毕业那年，他放弃了出国留学和国内读研两条路，到菜市场和一帮"大老粗"打起了交道。很多人不理解，觉得名校毕业生卖菜是件没面子的事。黄礼君说，如果颠倒一下，一个卖菜老板努力学习考上了北大，大家是不是就会觉得很励志？所以有些事不分对错，只是顺序不一样导致不同的看法罢了。

2013 年 10 月，黄礼君开始了创业的准备，他把目标瞄准了互联网卖菜。原来，黄礼君小时候是个"吃货"，在饮食上非常挑剔。他最喜欢的事，就是跟着妈妈去菜市场买菜，他对蔬菜有感情。于是，他找哥们儿凑了点钱，租了几间简陋的平房，招了几个员工，买了几张旧桌椅，他的小公司就这样开张了。

接下来，他花了两年时间研究市场，从前端排队点餐到后端食材采购，他深入到餐饮的每一个环节，凌晨跟随餐厅伙计去蔬菜批发市场采购，几乎跑遍了北京大大小小几十个批发市场。经过反复市场调研后，2014 年 10 月，"天平派"诞生了。这是一款手机应用APP，黄礼君的创业初衷是让买菜卖菜与移动互联网完美结合，为餐厅与供货商搭建一个公平公正的交易平台。自主创业，实干兴邦，安逸的现状只会消磨人的意志，富有挑战的人生才会丰富多彩。

从此，他一脚踏进"江湖"，江湖有风有雨，一切困难都需要独自面对。创业之初，黄礼君就遇到一件非常糟心的事。经过一天的软磨硬泡，他终于说服了菜摊摊主老刘，在手机上安装了"天平派"APP。谁知他刚一离开，就有一帮彪形大汉自称是"天平派"业务员，借口升级软件，趁机将老刘的"天平派"APP 卸载，装上了自己的 APP。黄礼君本想和这些彪形大汉理论，但强争肯定吃亏，他只好含恨离开。

岂有此理，黄礼君对这种无孔不入的"奇葩"竞争感到无语。虽然年轻，但他并不缺少面对江湖的勇气，他应对的办法就是见招拆招。为了防止此类现象再发生，黄礼君在推广中，教会了客户识别正版"天平派"的方法。

为了保证蔬菜配送准时不出纰漏，黄礼君对每家餐饮店订购的蔬菜都采取跟单的措施。他没想到的"江湖事"还有很多，"江湖手段"层出不穷。有一天，黄礼君提前 15 分钟将货物送到老王的饭店。但谁知已经有人冒充他们把货送来，并结了账走了。原来，前一天他帮老王下单后，竟又有人假冒"天平派"的售后人员，借核实订单的名义，把订单信息抄走，第二天抢先将货送了过来。黄礼君再次失望了。

遇到困难和挫折，首先要检讨自己，有没有不足的地方，每次遭遇的问题，都让"天平派"成长得更快。面对恶意竞争，黄礼君暗暗提醒自己，一定要严格把控流程，不留下任何漏洞给别人钻。

谁想，"江湖险恶"远不止于此，在各种假冒手段被防备和拆穿之后，竞争对手竟然开始恶意造谣和中伤。有一天，当黄礼君带着工作人员去送菜时，很多客户拉着他的手，关心地询问是不是最近公司遇到什么难题，千万不要想不开。黄礼君很纳闷儿，一打听，原来有人散播谣言，造谣说"天平派"要倒闭，已经有人跳楼住院了。

黄礼君愤慨不已，又对这种恶意的中伤无可奈何。这让他再次认识到不足，那就是"天平派"宣传工作做得还不到位。从此，他加大了宣传力度，谣言不攻自破。

在市场竞争这个"江湖"中，刚走出校门的黄礼君经验不足，但凭借着勤奋、智慧在不断试错的途中跌倒再爬起，他走出了一条光明之路。目前，"天平派"已经拥有众多稳定的客户，它的知名度也在节节升高。在受到资本市场的追捧之后，还获得某顶级风投的投资。

　　在谈到自己的创业经验时，黄礼君说，人在"江湖"，就要磨炼成一名侠客。遇妖降妖，遇魔斩魔。只有九败一胜的坚韧，才是通向成功的不二法宝。

# 用眼睛"听"音乐的舞蹈女孩

　　25 年前，姜彦宇出生于哈尔滨，父亲是国企职员，母亲在图书馆工作。在她出生刚满 6 个月时，药物中毒就毁掉了她的听力。

　　妈妈决定让女儿用眼睛"听"世界。从此，妈妈开始训练她读唇语。和同龄小孩相比，她的童年异常枯寂。每天花大量的时间练习说话，除了睡觉以外都在练。耳中细微的震动，加上对方嘴唇的动作，结合猜测，这就是她"交谈"的方式。从小她就明白一个道理，想过正常人的生活，就必须付出比常人多百倍的努力。

　　上学时，她面临着两种选择：一是上特殊学校，接受适合聋人的教育，那是相对轻松的课程；二是上普通学校，和普通孩子一样接受正规教育。妈妈征询她的意见，她毅然选择了后者。她不服输，别人能做的事，自己一样能行。为此，她决定挑战自己。

　　课堂上，同学们在听课，而她则是个"看客"，学习起来比其他同学艰难百倍。在无声的世界里，她默默努力。上课时，她仔细盯着老师的口型，不会的问题直接问老师。随着年龄增长，她的个子越来越高，座位离黑板越来越远。她看不清楚老师的口型，上课只好自习。聪明的她很快想出补救措施，自习课的时候再去找老师答疑。一步一步踏实地走，她的成绩并没有落下去。

高三那年，她一度陷入焦虑，回家就和妈妈发脾气，埋怨妈妈没有给自己一双健康的耳朵。原来，高考英语的听力占了不少分值，即使再努力，听力分数也不得不放弃。命运太不公平了，她躺在床上，捂着被子哭泣。妈妈耐心地安慰她说："你知道阳台上的牵牛花为什么开得那么好吗？因为我经常为它们摘心。越摘，花开得越好。牵牛花都有愈挫愈勇的本能，你为什么要自暴自弃呢？"

妈妈的话再次激发了她不服输的性格，即使不要英语听力分又如何？我一样能考上重点大学。越临近高考，她越努力，吃饭时，睡觉前都在背英语单词。她放弃了所有与听力有关的题目，在少了十几分、几十分的卷子上，靠其他题目拿下别人拿不到的分数。凭着刻苦和勤奋，她最终收到了哈尔滨工程大学的录取通知书。

上了大学，学习上弄不懂的问题越来越多。大学教室很大，看不清老师口型，老师也不坐班，所以问问题的机会就少了。但是这些困难并没有将她打倒，入学几周后，她开始认真记课堂笔记，并制订了学习计划，一有空就会"泡"在图书馆里。她还主动请教同学，让同学陪自己练习说话。一分耕耘一分收获，在完全放弃听力的情况下，她在大一时就以优异的成绩通过了大学英语四级考试。之后，又创造了一个个奇迹：2011 年东北三省数学建模联赛三等奖，美国国际大学生数学建模竞赛三等奖，取得保研资格，2012

年她的毕业设计获评系优秀毕业论文……

　　在同学们的眼中，她是名副其实的大忙人，是隔壁教室的女学霸，是台上的舞者，是跑道上的运动健将，是 cosplay 社团的动漫女郎……她的生活很精彩，多才多艺。大一运动会，她报名田径项目。体育老师让她考虑考虑，她一梗脖子，"我一定能赢。"训练时，起跑口令对她来说太微弱，要用余光盯住对手，才能及时起跑。到了赛场上，发令枪的声音足够响，戴上助听器，她无惧于任何对手。她是 110 米跨栏小组第一个出线的，决赛时取得了全校第六的好成绩。随后，她又想穿上漂亮衣服到舞台上跳舞，这对她来说是一个难题。为了克服听不到音乐的障碍，她每个舞蹈动作的衔接都会用时间记下来，精确到秒。一遍不成就多练几遍，练三四天基本上就能跟上了。

　　曾经在一期励志节目中，主持人问姜彦宇最欣赏自己哪一点，她十分感慨地说："不服输。上学时我选择的是普通学校，高考我放弃了听力，大学里我成了同学眼中的学霸，一切靠自己。只要不服输，失败就不会是定局。"

　　在人生遭遇困境时，是向命运缴械投降，还是敢于叫板儿呢？贝多芬说："我要扼住命运的咽喉，它无法使我完全屈服。"姜彦宇用自己的行动告诉我们，不服输的人生不会输。

## 人生到底有多少可能

　　冬夜，在沈阳很多人习惯守在电台前，聆听一档叫"残联之声"的节目。女主播嗓音甜美，字正腔圆。人们暗自猜想，这位叫梁帅的女主播一定长得非常漂亮。

　　其实，梁帅是一名残疾人，还长着一张"恐怖"的脸。

　　梁帅戴着假肢在街上行走时，经常会遇到这样的情形：同龄的女孩见了她，不礼貌地惊叫一声，远远躲开了；小孩子见了她，急忙躲到妈妈的身后，指着她说："鬼，鬼。"梁帅并不在意，她早已习惯别人惊诧的目光。她平和淡定地微笑着，照旧走自己的路。

　　21 年前，梁帅刚刚 5 岁，是个可爱的小女孩。一双大眼睛，一笑俩酒窝。但没想到，灾难会悄然而至。1996 年 5 月 31 日晚，梁帅和妈妈坐着爸爸驾驶的三轮摩托车回辽宁法库县老家，在一座桥上，被迎面开来的一辆卡车撞下了桥。摩托车油箱起火，把梁帅烧成了"火孩"。

　　被送到医院的梁帅全身 87% 被烧伤，焦黑一片，两只手和左脚严重变形，右小腿只剩下一小段。面部双眼外翻，双眉被烧掉，鼻尖缺损，右耳缺损，左耳畸形，嘴部畸形……经过漫长的手术，梁帅奇迹般活了下来。厄运面前，小小的梁帅表现得很坚强。她用微弱的声音安慰妈妈："你别哭，我不怕疼，我的手指和脚还有可能长出来。"

出院后，为了继续筹措医药费，爸爸下班后又到夜总会唱歌，妈妈在街上摆小摊。女孩爱美，她偷偷地照镜子，发现一张可怕的"鬼脸"，自己被自己吓哭了。她绝望地哭喊："像我这么丑的人，活着有什么用？"爸爸发现了女儿的心结，告诉她一句话："世界上只有让人瞧不起的人，没有让人瞧不起的脸。"梁帅扑进爸爸的怀里，痛哭了一场。她开始相信，只要坚强，只要努力，未来一切皆有可能。

她的成长过程，一直和手术相伴。从小到大，她经历了 22 次大手术，全身缝合 1 万余针。每次手术都像酷刑，疼痛难忍，但梁帅从不大喊大叫，而是咬牙强忍。

接下来，她面临的手术还有第 23 次、第 24 次……

梁帅爱书法，她拜残疾人书法家为师，天天用嘴衔着长长的毛笔，一练就是几小时。梁帅的牙根和口腔磨出了血，鲜血混合着墨汁一起写在纸上。整整一个夏天，她的嘴疼到不能吃饭，只能喝些粥。不知用秃多少支毛笔，更记不清嘴里流了多少血，半年后，梁帅终于用嘴衔笔写出了"人生"二字。

该上学了，第一天，小朋友看到她都发出了惊叫。梁帅没有难为情，她用残缺的手掌根夹着粉笔在黑板上书写了一句话："梁帅和你们一样想上学"，最终获得同学和老师热烈的掌声。

梁帅要强，虽然学习起来有诸多困难，但她都一一克服了，成绩门门都是优秀。她顺利考上中学、大学。当毕业季节来临，同学们在自习课上忙着玩自拍时，她埋头在书山题海中，准备考研。

1999 年 9 月 15 日，梁帅应邀赴香港参加有 44 个国家参赛的世界华人书法大赛。在 140 多名选手的角逐中，梁帅在现场口衔毛笔书写，获得了金奖。颁奖仪式上，大会主席让她即兴发言，小梁帅一口流利的英语赢得了全场的喝彩。

她的普通话已经达到了二级甲等的水平，也就是接近县级电视台主持人的标准。课余时间，她是电台"残联之声"的女主播。

梁帅还考取了国家二级心理咨询师资格证，专修了英语、日语，现在她已经可以使用这些语言进行日常交流。

梁帅还缝制了十字绣"双蝶"。通过长时间的锻炼，她的手已经可以做针线活儿。

苏格拉底说："患难及困苦，是磨炼人格的最高学府。"经历多少磨难，就会有多大成功。重度烧伤的女孩梁帅，用自己的坚强和奋进赢得人生。记者采访她的时候，她这样表达心声："命运赐予我灾难，也赐予我坚强。我的野心是看到不断进步的自己，我最大的心愿，就是穷尽一生去看看自己，到底有多少可能。"

## 城觅：陪你热恋一座城

　　尹丽川说："一下雪，北京就成了北平。"当北京迎来 2015 年的第一场雪时，夜晚的筒子河褪去了浮华和喧嚣，只剩下安静。一个美丽的女孩在这里优雅地行走着，并非只为赏雪，她的身上肩负着别样的使命。

　　她叫麻宁，出生在河南鹤壁，原来是北京人民广播电台的记者，目前以联合创始人的身份加入"城觅"团队，出任公司内容和市场的副总裁。上任伊始，她就雄心勃勃，立志把城觅打造成一款最有诗意的生活工具类应用，一款有范儿的城市生活指南。每天为用户提供 10 条新鲜而有趣的吃喝玩乐的去处，让不了解北京的人爱上这座城市。

　　一个生活光鲜的电台记者，怎么辞职干起了城觅呢？这要从她的一个朋友说起。

　　麻宁是个随性和率真的人，更是一个生活体验家。工作之外，她是戏迷也是书虫，每年要看一百场话剧，写几百篇优美的散文。对于一个文艺女青年来说，没有哪座城市比北京更有吸引力。她喜欢北京得天独厚的人文环境，每天都想和这座城市热恋。

　　麻宁是个细心的人，她发现，北京城越来越大，街道越来越繁华，路上的人却都步履匆匆，无暇驻足留意这座城的街道巷落。因为压力，很多人一到周末就宅在家里，倒头就睡，生活单调而无趣。她想帮助这些在北京生活的人，让他们的生活丰富起来，可又不知道怎么做。

　　2014年7月，一个偶然的机会，麻宁认识了曾任天极网总编辑的李琪缘。李琪缘刚刚有了做城觅的想法，他把这个创意讲给麻宁听，两个人一拍即合。他认为麻宁是个真正懂得享受生活的体验家，做一件关于吃喝玩乐的事情，没有谁比麻宁更适合。麻宁心中正好隐约有这样的愿景，因为李琪缘的出现，她才更加清楚地听见内心深处的呼声。

　　2014年8月，麻宁不顾家人的反对，离开工作了5年的北京人民广播电台，成为城觅联合创始人。悠闲的生活过去了，取而代之的是苦中有乐、忙而有序的状态。既然要指导别人的吃喝玩乐，玩乐达人就必须有真实的切身体验。麻宁带领她的团队，深入北京的每一个角落，去发现那些胡同深处不起眼的美食饭馆，新奇独特的精美小店，城市周边景美人少的旅游路线，和好玩有趣的活动party。麻宁看似文弱，其实不然。她既能在环境幽雅的咖啡厅里享受英式下午茶，又能在九级大风天里勤勤恳恳地督导拍外景。

　　为了做好直播，她骑着自行车在大街小巷穿梭，头发凌乱，脸冻得通红。她发现了好吃的双井热干面，用气球装扮出来的浪漫花屋，还有 500 多种啤酒任你喝的酒吧。她带着团队来到怀来县境内的沙漠拍摄，一阵风沙袭来，差点把她刮跑。虽然苦点累点，但麻宁很开心，因为她实现了自我价值，有了成就感。

麻宁说北京有两大去处不可错过，一个是筒子河，一个是三联书店。她喜欢筒子河下雪的夜晚，美好的氛围让她产生错觉，似乎又回到老舍笔下的故乡了。三联书店就像一座城市的精神和文化地标，贴满了便签纸的留言墙既真实又美好。她拍摄微电影《恋炼北京》时，有一场戏就选在三联书店，没有任何商业回报。书店的工作人员都说城觅在替他们做宣传。麻宁却说，这是城觅团队写给北京的一封情书，书店恰好是这封情书上非常美丽的一笔而已。

越来越多的人喜欢上了城觅，网友"灰灰兔"说："守住一座城，寻觅一段情，城觅让我知道了，北京挺好的。"网友"花儿在开放"表示："城觅更像是生活笔记，不仅仅是为你指路，更多的是告诉你该如何拥抱生活。"更多的网友认为，现在大家都很忙碌，难得周末去体验，在城觅上收藏喜欢的地方，等待未来，可以一一走遍。

你会因为什么爱上一座城？一道美食？一个朋友？或一道风景？麻宁给你提供了多种选择。凭着对生活的热爱，对他人的负责，麻宁发现了北京城街道巷落的美，她的青春与众不同。谢谢麻宁，她用最大的诚意告诉我们，别把人生过成"速溶咖啡"，青春就是追求生活的多重意义。麻宁会陪着你，热恋北京。

## 创业是场说走就走的"旅行"

Lacey 博客上的头像，戴着大墨镜，包一条白纱巾，前额有乱发飘起。这么一个清新而文艺的姑娘，你会相信她是一个摊煎饼的吗？

大学毕业后，Lacey 进了世界 500 强药企葛兰素史克，职场第一步走得又稳又好。两年后，她转行到奥美公司做公关，收入稳定，生活富足，是人人羡慕的对象。可她却一天比一天迷茫，总是帮着企业做宣传和规划，自己人生的规划到底是什么？她在心里反复问自己。

其实，她的心中藏着一个梦——开一家自己的小店。但这个梦只是想想而已，她从没想过真正付诸行动。有一天，她陪着闺密逛街，逛饿了，就想买一张煎饼吃。作为土生土长的北京人，儿时胡同口的煎饼摊，总是让她难忘。可惜，如今的煎饼全没了当初的模样，面糊越来越稀，还夹了一些乱七八糟的东西。哎，既然大街上吃不到传统的煎饼，何不自己动手做呢？

开一家传统的煎饼店！当她把这个想法告诉父母时，父母以为她发神经。放着稳定而体面的工作不干，偏要吃苦受罪做个小摊贩？ Lacey 的态度很坚决：你们还是同意吧，我已经向公司递交了辞呈。先斩后奏，她一向如此，父母也拿这个女儿没办法。

　　Lacey 兴冲冲地买了电磨、鏊子、平底锅和粮油，自己在家做起了试验。可是，她烙出的煎饼怎么都不成形，厚薄不均，没有一点韧性。不能闭门"造"饼了，Lacey 跑去天津拜师学艺。她每天早上 4 点就跟师傅出摊，有时下着雨，她哆哆嗦嗦地继续摊煎饼。一个月后，聪明的她就学会了做煎饼果子的秘方和手法。

　　接下来是选店面。她几乎走遍了北京热闹的大街小巷，一次次失望之后，她看中了旧鼓楼大街一个只有 15 平方米的小店。红墙、灰瓦、绿树、蓝天。当惯了小白领的她，憧憬着以后能在这里晒晒太阳，发发呆。签合同、做设计、跑装修，研究菜品。她不会制图，店里所有的设计都靠手画在纸上，拍照片通过微信发给朋友，修改，确定，再厚着脸皮求朋友帮忙做成电子版。经过紧张的筹备，2013 年 11 月 8 日，Lacey 的"煎果儿食堂"开业了。

　　开业那天，Lacey 穿了一件大红衬衫。在接过朋友送的花篮后，她一刻没停摊了几十张煎饼，光鸡蛋就用了 12 斤，晚上回到家累得话都说不出来。辛苦的生活从此开始了。Lacey 每天早起先去菜市场采购，然后到店里开始准备，营业一整天，晚上打烊之后打扫收拾几乎要到半夜。赶上特别的日子，到了家需要继续编辑第二天要发的文案，躺下已经是凌晨了，第二天，又重新开始这一切。不到一个月，她就瘦了十斤。

　　创业辛苦，最累的不是身体，而是心。所有事情都要操心，需要她亲力亲为。她再也不是穿着 A 字裙高跟鞋，做做简报，写写软文的职业白领了。没有周末空闲时间和家人旅行，没有时间喝咖啡做指甲。她上能修灯泡下能通下水道，一双白嫩了 27 年的手，一个月全变样儿了，皲裂红肿全是口子。

　　"煎果儿"即煎饼果子的昵称。"煎"的谐音"尖"指的是美好，"果儿"指的是女性，"煎果儿"就是漂亮女孩的意思。这样的店名包含了她创业的初衷，立志恢复儿时的味道，坚守传统，做口味纯正的煎饼。她店里的煎饼果子有夹油条和薄脆两种选择，标配双蛋，用正宗的豆面，刷上好的酱，一切不该有的东西都没有。

　　因为口味纯正地道，她做的煎饼受到越来越多人的喜欢。开业两个月，就迎来一家杂志的采访。随后，更多的媒体找到她，《财富故事》《上菜第二季》《美食地图》《快乐生活一点通》等纷纷报道了煎果儿食堂。煎果儿食堂的生意，一天比一天好了。一年后，煎果儿食堂扩大了营业面积，店大人多，Lacey 变得更忙了。

　　对 Lacey 而言，一天中最美的时刻，是阳光晴好的下午，坐在门前晒晒太阳，喝咖啡，看书，听老狼的《北京的冬天》。刚开业时，很多人质疑她，放着别人想进都进不去的大公司不去，怎么会选择出来摊煎饼？一听到这个问题，Lacey 就笑了，对她而言，摊煎饼不是工作而是真正的事业，这不仅仅是一张煎饼的事呀。

　　在每一个成功的背后，都有一个动人的理由。有多少梦想不重要，重要的是何时开始。青春就是这么勇敢，创业是场说走就走的"旅行"。

# 胎记女孩的成功之路

　　爱美是人类的天性，美丽的外貌对女子来说很重要。如果不幸长了一张丑陋的脸，你又该如何面对？

　　卡珊德拉是一位妙龄少女，出生在加拿大一个工人家庭。自从懂事以来，她就觉得别人看她的眼光不太一样。和妈妈上街，总会有人对她指指点点。等她稍稍长大，才明白自己的确和别人不一样，自己脸上有一块巨大的胎记。

　　卡珊德拉出生时，右脸上就有一块鲜红而巨大的胎记。胎记呈三角形，从眼角一直延伸到嘴角，把一张原本清秀的脸破坏殆尽，显得狰狞可怕。随着年龄的增长，胎记不但没有消失，面积反而越来越大，上面还长了可恶的毛发。

　　在学校里，没有同学愿意和她玩，他们当面喊她小怪物。老师也很少提问她，好像看不到她的存在。卡珊德拉非常自卑，一度恨极了这块胎记。出门时，她总要戴上墨镜和口罩，把脸严实地遮起来。有时候，她会对着镜子，拿着小刀在脸上划，试图把胎记的外皮剜去，经常把脸弄得鲜血淋漓。

　　妈妈很快发现了女儿的异常，她把女儿叫进自己的卧室，郑重告诉她关于胎记的"真相"："你出生前，我向上帝祷告，请他赐给我一个与众不同的孩子。上帝给了你特殊的才能，还让天使给你做了一个标记。你脸上的标记是天使吻过的痕迹，他这样做是为了让我在人群中一下子就能找到你。当你和别的女孩走在一起时，我会立刻认出你来！"

卡珊德拉感动地哭泣起来，她没有理由不相信妈妈的话，因为妈妈爱她。此后，她开始变得自信，并对自己被天使吻过的好运气深信不疑。她不再自卑，也不再有意遮住自己的脸。就让那些好奇和嘲笑随风而去吧。对她好奇的人是因为嫉妒，对她讨厌的人是因为羡慕。她不能浪费上帝给自己的特殊才能，她发誓要成为一个优秀的人。

卡珊德拉功课很好，有舞蹈天分。高中毕业后，她顺利考上了戏剧学院。在学校里，她练功刻苦，舞姿出众，和同学们的关系也相处得很好。她幽默风趣，做事积极向上，凡是和她交往过的人，都不由自主地喜欢她。此时的她早已经学会，在别人异样的目光下谈笑自如。

毕业那年，学校要组织一次汇报演出。这次演出很重要，因为有很多用人单位要来选拔人才。玛丽老师私下建议她，现在美容技术很发达，是不是可以通过手术把胎记去掉？卡珊德拉知道老师是为自己好，但还是当场拒绝了。她说："在此之前，已经有很多人劝我通过整形手术去掉胎记，我都没有答应。胎记是我与众不同的特殊标签，我以它为荣。"

　　演出那天，来了很多特殊的观众，他们是各大演艺公司的主管。舞台上的演员个个舞姿出众，身材秀美，美丽的脸蛋几乎一模一样，就像从流水线上下来的同批产品。台下的观众眼花缭乱，根本分不清谁是谁。只有卡珊德拉与众不同，大波浪长发随意地披在肩头，魅惑的眼神热辣而迷人，尤其是那块胎记，透着一种神秘的美。当她翩翩起舞时，观众兴奋地鼓掌，指着她说："快看那位胎记女孩，她跳得实在是太好了。"

　　不久，卡珊德拉就收到一家著名的演艺公司的录用信，在信中，公司主管赞扬她就像一个天使。签约以后，卡珊德拉成了一个专业的舞者，在很多商演中大获成功。因为这块特殊的胎记，她还成了众多杂志的封面人物。不仅如此，她还找到了一个青年才俊做男朋友，两个人恩爱有加，甜蜜无限。

　　卡珊德拉的励志故事在网络走红之后，她成了很多女孩心中的偶像。在一次电视访谈节目中，卡珊德拉向观众们分享了她的心路历程。她说："我认为胎记并不丑陋，因为那是天使吻我的痕迹，我比那些生而完美的人都要幸运。如果没有美丽的外貌，那么请拥有美好的信念。心若向阳，人生处处是花开。"

　　自信与乐观的心态，远比美丽更重要。

## 谢世煌：从一无所有到阿里巴巴资深总监

他的人生很励志。

他出生在瑞安荆谷的一个铁匠家里。家境贫寒，兄妹四人全靠父亲卖力气养活。小小年纪，他喜欢坐在屋顶上看星星，想象城里的星星会不会更美丽。后来，他如愿以偿地考上了县城中学，走出了偏僻的山村。但很快，他就陷入了深深的自卑。他每周只能带米和咸菜到学校，看着同学们吃饼干，他就暗自吞咽口水。

贫穷没有阻挡他求学的脚步，高考过后，他以优异的成绩考入了沈阳工业大学。迈入大学校门的那一刻，他对自己说，这是人生新的起点，也是命运的关键拐点，他要努力，要抓住机遇。大学四年，他勤奋读书，完成了学业，又收获了爱情。低一年级的小学妹给了他温暖，他沉醉在初恋的爱河里。

毕业后，他到中国空分设备有限公司工作，地点在杭州。而女友则到椒江工作。他兢兢业业，希望能拼出一个未来。对于一个出身于农村的孩子来说，奋斗何其漫长。两年后，他的月工资仍然是82元，没有房子，没有车。一无所有的他，看不见未来的影子。

一天，女友打来电话说要分手。他不相信这是真的，连夜坐车赶到椒江。暴雨如注，他执拗地拉着女友的手，请她跟自己走。女友泪流满面，但还是选择转身离开。谁让他那么穷呢？爱情终究不能当饭吃。

　　一个意气风发的年轻人，就这样败给了贫穷。他在床上躺了整整一个星期，想通了很多。从那以后，他的生活观念发生了巨大变化，他把自己投入到更紧张、更刺激的工作状态中，他要远离平稳单调的生活。

　　1996 年，一个偶然的机会，他听说了"中国黄页"，认识了马云，立刻被马云的魅力吸引。在他眼中，马云与众不同，走路风风火火，接个电话一会儿中文，一会儿英文。直觉告诉他，马云值得信赖，值得跟随。虽然当时，他已经奋斗到了公司高层，但当马云离开"中国黄页"，要带着一个团队到北京外经贸部发展时，他再也坐不住了，他决心辞职，跟马云一起走。

　　马云一遍又一遍向团队讲述自己的梦想：做一个中国人自己创办的、全世界最好的公司，使它成为世界十大网站之一，要让天下没有难做的生意。梦想归梦想，创业初期困难重重。阿里巴巴正式成立后，他跟马云一起外出"打的"时，10 元钱的富康和 8 元钱的夏利，两人远远看着两车很相似，开近一看，若是富康就装作没看见，只为节省 2 元钱。

　　2000 年，大批互联网公司倒闭。他们想把阿里巴巴打包成一个解决方案卖出去，就带了几个人到上海，有几次，坐了近 5 小时的公交车从上海的淮海路赶到位于宝山区的客户那里，可没到 5 分钟就被打发走了。他的 MSN 上经常挂着一句话："月末到了，谁给我一万元，我愿意到淮海路去裸奔。"那时，他真有这样的冲动，因为公司如果再不赚钱，后果不堪设想。

他心情苦闷。一次，散步的时候，他无意中溜达进了一片菜园，和一个种菜的老汉聊得很投机。善于观察的他发现一个奇怪的现象，藤粗叶茂的南瓜藤上，竟然插着一些小小的牙签。对南瓜藤来说，这不是残忍的伤害吗？老汉解释说，南瓜苗看似长势喜人，一路开花不断，却总是不结瓜。但如果把牙签插入那瓜藤，过不了几天，它就会结瓜。对作物来说，在生长过程中，让它们吃点苦，会激发出它们内在的潜能。

听了老农的一番话，他的郁闷心情一扫而空。作物如此，人生也一样，成长中总要经历一些苦难与失败，否则很难结成硕果。从那天起，他振奋精神，咬牙坚持渡过难关。每逢公司遇到什么难题，他都会想办法积极应对。

他叫谢世煌，马云的铁杆兄弟。如今的谢世煌早已不是 23 年前那个被抛弃的男人，而是身家百亿元的富豪。他是蚂蚁小微金融服务集团有限公司的股东，阿里巴巴的投资总经理，资深总监，产品开发部负责人。

　　任何希望的破土而出，都不是图直接、图省事、图容易和图方便的，都要经过层层阻碍，重重阻力和道道关卡，才能成为现实。谢世煌悟透了南瓜藤上插牙签的精神，才成就了自己。

第二辑

人生没有
迈不过去的坎

人生总有不完美的时候，

当上帝给了你一副烂牌，当梦想被逼入绝境时，你怎么办？

有人一烂到底，一落千丈；也有人积极面对，最后成功逆袭。

一件事，想通了就是天堂，想不通就是地狱。

坦然接受，把劣势转化为优势，残损的星星也能发光，

因为它们的高度在天上。

# 失明的攀岩者

当看到一支队伍迎着黎明的曙光登上山顶，其中的一个年轻人端起相机拍摄壮阔的山景时，你绝对想不到，这个成功攀岩的摄影师竟然是一个盲人。

他叫萨拉斯，出生在美国俄克拉何马州。小时候，他也有一双漂亮的大眼睛。但是，不知道什么原因，他的视力越来越差，从五岁开始就不得不戴上厚厚的眼镜。上了中学后，他的视力急剧下降，不得不休学回家。经过一年的扫描和血液测试后，该市最好的眼科医生表示无能为力。萨拉斯的世界崩塌了，一步一步陷入黑暗之中。

骤然失明，对一个刚刚进入青春期的男孩来说，简直就是致命的打击，他再也不能做自己喜欢的事情。萨拉斯的脾气变得喜怒无常，经常无缘无故地发火。后来，他把自己封闭起来，几天不说一句话。他偷偷凑近宽大的电脑屏幕，拼命地想要感知屏幕上的点点光亮。

"这样下去真的不行。"有一天，好朋友约翰逊敲开了他的房门，用严肃的态度对他说："你这个偷懒的家伙，想一直这样逃避下去吗？我知道你的视力很差，但除了用视线去指引你的前路，你还可以用信念！"

约翰逊的话给了萨拉斯当头棒喝，他记起自己左臂上的文身，那是来自著名魔幻小说《狮子、女巫和魔衣橱》中的一个场景，寓意就是这句话。对，年轻的生命不应该沉沦，应该无所畏惧地向前进。

萨拉斯重新回到生活当中，和命运抗争，追求心中的信念，这才是人生真正的意义。他和约翰逊去骑自行车，让朋友充当他的导盲人。约翰逊紧紧跟在萨拉斯身边，不断提醒他注意转弯和避让。盲人骑自行车，摔跤在所难免。但萨拉斯的兴奋战胜了恐惧，阳光温暖的感觉是如此迷人。

当他骑着自行车和约翰逊去郊游之后，萨拉斯找到了自信。后来，另一位朋友鲍比邀请他去攀岩，萨拉斯却犹豫了。攀岩是一项极限运动，要是摔下来，代价会非常惨痛。鲍比劝他打消恐惧，并告诉他一个事实：只要山的海拔超过 800 米，那些登山爱好者就会选择从黑夜出发。只有这样，才能保证在光明中登顶。何况，攀岩并不需要你的视力，你只要静下心来去感受就行。鲍比的鼓励给了萨拉斯巨大的勇气，他也要做一个在黑暗中攀登的人。

萨拉斯跟着鲍比来到一个攀岩馆，他要挑战一块高 15.2 米的大圆石。他用心感受着石头的形状和方向，记住一些信息并将它们拼凑起来，一遍又一遍地进行尝试。鲍比随时提醒他哪些地方可以放脚，比如，让他抓住一点钟方向的那块石头。一开始，萨拉斯经历了很多次失败，从十几米高的石头上掉到垫子上简直就是家常便饭。不服输的萨拉斯每次都重新站了起来，继续向高峰挑战。通过不断的练习，萨拉斯成功登顶。

　　就这样，萨拉斯爱上了攀岩，他喜欢通过身体去记住每一块石头，找到属于自己的路，一步一步爬上顶峰。慢慢地，他不再满足于攀岩馆里的活动，于是，自己组织了一个兴趣小组，到户外攀岩。他成了一个著名的极限运动家，美国的很多悬崖峭壁上都留下过他的足迹。

　　另外，萨拉斯还培养了一个和他的身体条件一点也不搭边的爱好——摄影，他把摄影当成了另一种在黑暗中的攀登。只要有毅力，他一样能行。尽管萨拉斯只能感受到极其微弱的光线，但是他抓住了仅剩的这一点感知，去体会光线的变化。他会利用太阳照射的方向和自己的感知去研究构图。近日，萨拉斯在家乡成功举办了一场摄影展，引起了不小的轰动。因为，和其他摄影师不同的是，萨拉斯的作品个人风格非常鲜明，从他的作品中，可以看到他对这个世界的热忱……

　　现在，对 23 岁的萨拉斯来说，青春正好，人生没有什么不可能。从一个苦恼的盲人，成为一名专业摄影师和经验丰富的攀岩者，他早已习惯在黑暗中攀登。

# 轮椅模特奇蒂

　　澳大利亚男孩奇蒂一直很自信，他对自己的一双长腿很满意。18 岁的他开始了人生新的旅途。

　　奇蒂外形俊朗，身材高大，从小就有一个当模特的梦想。为了实现自己的明星梦，他在一所培训机构刻苦训练。每次训练课上，奇蒂都挥汗如雨，认真完成各项规定的动作。到了寒暑假，别的同学都回家和亲人团聚了，奇蒂依旧不敢懈怠，怀着对舞台的渴望，主动给自己的训练加量。

　　2016 年 2 月，奇蒂毕业了，这是一个值得纪念的日子，他仿佛看到耀眼的 T 型台在向他招手。为了放松自己，在一个宁静的上午，奇蒂爬上了一棵高树。这是他的拿手好戏，他从小就喜欢爬树。可没想到，意外却发生了，他从树上摔了下来，脊椎受损，双腿瘫痪。这对一个有着模特梦想的人来说，无疑是一个致命的打击。奇蒂痛不欲生，模特梦想还没有开始，就已经画上了句号。

　　很多人以为他会一蹶不振，但很快他们就知道，自己想错了。经过短暂的懊恼之后，奇蒂坦然接受了现实。他没有怨天尤人，没有气馁，也没有沉沦，而是决心闯出一条别人没走过的路。

　　在和朋友们说起自己的心路历程时，奇蒂很感谢病房前的一棵大树。护士告诉他，这棵树原来并不长在这里，而是在遥远的乡下。有一天，它被剪去分枝，挖出土地，用货车运到这里。它一度枝枯叶黄，但最终适应了新环境，枝繁叶茂，开辟了属于自己的新世界。

　　护士的话给了奇蒂很大的鼓励，只要自己愿意，当然也可以活成一棵移栽的树。奇蒂积极配合治疗，在医院仅仅两周后，他就转入当地的康复中心，开始康复治疗。他的恢复速度远远超过其他人。他仅用两个月就完成了全部训练。

　　出院以后，随着身体的好转，奇蒂的模特梦想重新被点燃。他冷静地分析自己的优劣势，瘫痪当然是劣势，但也未尝不能变成优势。因为，至今，澳大利亚还没有轮椅模特。而他，就想当这个第一。

　　不能轻言放弃。奇蒂鼓足勇气，向一些模特公司投出了自己的简历。令人沮丧的是，投出的简历都石沉大海，没有任何消息。这完全在预料之内，谁能接受一个瘫痪的人当模特呢？

　　奇蒂在脸书上讲述了自己的遭遇和对梦想的坚持，这引起了一位名叫卡洛斯的摄影师的注意。他被奇蒂感动了，主动要求免费为奇蒂拍一组写真。奇蒂坐在轮椅上，有时穿牛仔裤，白布鞋，戴一顶鸭舌帽，双手交叉放在腿上，眼睛深邃地望向远方。有时穿西装，皮鞋，脸上洋溢着爽朗自信的笑。美丽的凤凰，总是昂首挺胸向世人展示绚烂的羽毛，让所有人忘记，它有一双丑陋的脚。奇蒂也是这样，当他把这些照片上传到网络后，短短几天就"涨粉"十万。网友们完全被他的帅气迷住了，谁会在意他的轮椅？

很快，一家大型模特公司发现了奇蒂，主动向他伸出了橄榄枝。奇蒂终于实现了自己的梦想，成为澳大利亚第一位轮椅模特。

在一次访谈节目的现场，奇蒂总结了自己成功的秘诀。他想告诉那些和他一样经历过苦难的人："人总有许多挫折要面对，受伤不是生活的终点，而是迎难而上的勇气。对一个坚持梦想的人来说，从来没有绝对的劣势，只要善于分析把握，总能超越自己。"

## 骷髅女孩

花，生来就让人赏心悦目。但一个生来就奇丑无比的女孩，她的人生会怎样？

她一出生，就把护士吓个半死。早产 4 周，体重不到 1 千克，要命的是，她生来就没有脂肪组织，就像一个皮包的骷髅。万幸的是妈妈没有抛弃她。

她慢慢长大，样子也足够吓人。4 岁，她的右眼发蓝后失明，左眼呈棕色。牙床外凸，牙齿高翘，手和脚就像干枯的树枝。她的免疫力很差，大小病不断，16 岁盲肠穿孔，差点死掉，19 岁因红细胞无法正常复制而严重贫血。妈妈带着她走遍美国的各大医院，却没有一个医生能救治她。罕见的病症，这样的患者全世界只有 3 例。

上学时，她没有一个玩伴。同学们像见到鬼一样躲着她。课堂上，老师总是回避她的眼光。她只要上街，行人纷纷避让，他们用异样的眼光盯着她看，有的妈妈甚至会捂上孩子的眼睛，怕孩子受到惊吓。

她一天要吃 60 顿饭，每隔 15 分钟就要进餐一次。即便如此，她仍然很瘦很小。她有强迫症，每天都要称体重。只要能多长一磅，她就很兴奋。

她是个女孩，内心也向往有人爱，有人疼。16 岁时，在妈妈的鼓励下，她参加了一个化装舞会，打扮成一个公主的样子，穿着宽松的公主裙。一个名叫路易斯的男孩对她产生了好感。他向她表白说："我爱你，希望能和你共度一生。"当她摘下面具的那一刻，路易斯惊叫一声，呕吐着跑掉了。

17 岁时，她被人偷拍，制成视频上传到网上，视频的名字叫"世上最丑的女人"。这个视频很火，点击率超过 400 万次。在她毫不知情的情况下，就成了被全世界嘲笑的人。网民的留言更是伤人，很多人愤愤不平，这么丑的人，她的父母为什么还要她？用火烧死她，她应该自行了断……

看到视频的第一眼，她差点晕过去。长这么大，她没有快乐过一天，受尽嘲笑，备受欺凌，她活着简直就是多余。她把自己关在房间里，用锋利的匕首划开了手腕，想用极端的方式结束自己的生命。幸亏妈妈及时发现，把她送到医院，才保住了她的命。

妈妈伤心地说："你连死都不怕，为什么没有勇气活下去？你是个胆小鬼，这不是我想看到的女儿。"痛定思痛，她开始思考妈妈的话，越想越有道理。一个人，如果连死都不怕，难道还怕活着吗？她决定走出阴影，坚强地活下去。

　　一个人，就因为长得丑，就该受别人无休止的欺凌吗？这是不公平的，她一定要抗争。她开始在公开的场合露面，到电视台做节目，发表演讲，中心议题只有一个，就是反对欺凌。奇丑无比的外貌，让人们几乎在一夜之间，就记住了她的名字。很多民众开始支持她，成为她的忠实粉丝。

　　她在孤独中长大，读书是她最大的兴趣，渊博的知识让她的写作能力日渐提升。为了鼓励和自己处于相同境地的人们，她撰写了一本讲述自身遭遇的书。新书一上市，马上被抢购一空。她不得不着手撰写第二本书，告诉人们遇到欺凌时应该怎么做。

　　她在奥斯汀举办的西南偏南电影节上现身，电影节播放了关于她的78分钟的短片，呈现了一个网络欺凌的受害者的励志心灵历程。现场很多观众为她流泪，为她感动。

　　她叫利兹，出生于美国得克萨斯州的奥斯汀市，人称骷髅女孩。她今年28岁，体重只有20多千克，相当于一个8岁女童的体重。她仍然很丑，但很出名。在美国，她的名字无人不晓。因为她是励志演说家、畅销书作家和电影明星。

　　现在，她走在街上，仍然会有人把她当作怪物盯着看。每当这时，她都会走到对方面前，礼貌地递上自己的名片，并且微笑着打招呼："嗨，我是利兹，请你不要再盯着我看了。"

　　是世界上最丑的女孩，又如何？每个生命都有存在的价值。自信，勇敢，坚强，让利兹从一个被人讨厌的丑女孩，摇身变为全美国励志典范。她的故事再次证明，人，美的不是外貌，而是心灵。

## "烟雾病"女孩的蝴蝶梦

　　2006 年 6 月底，厦门市高考成绩公布，她以优异的成绩考入中央美术学院。从此，像一只美丽的蝴蝶，在大学校园翩翩起舞。她有清纯的外貌，过人的艺术天赋，还写一手漂亮的字。花样女孩，美好的青春正在绽放。

　　2009 年的愚人节，老天却给 21 岁的她开了一个残酷的玩笑。那天，她独自待在宿舍，突然手指发麻，胸闷头痛，不一会儿就晕倒在地。送医院后，几经反复，医生最终确诊她患了罕见的"烟雾病"。这是一种颅底血管网异常形成的脑血管疾病，往往给患者造成严重的神经功能损害，一般脑出血 30 毫升就有生命危险。经过三次开颅手术，她脑部出血量达到 120 毫升，瞳孔已经放大，时刻面临死亡的威胁。

　　20 多天后，她战胜了死亡，却留下了严重的后遗症，语言能力极差，只能说几个单词，数字拼音都忘了，右边身子不会动。她只好休学回家，在别人看来，她的人生从此彻底毁灭了。她的自尊心很强，残酷的变故令她猝不及防，一时间还来不及做好应对的准备。她整天沉默着，拒绝外出，拒绝和别人交流，多次手术给她留下心结。

心理咨询师李元榕老师，多次上门为她进行心理辅导。为了表示感谢，她用左手画了一幅简笔画送给他。拿回家后，李元榕老师的孩子夸奖说："爸爸，别人送你那么多画，就这幅画得最好。"李元榕老师向她转述了孩子的话，并且说："用生命画出的画，才最有生命力啊。"

一句鼓励的话，改变了她的心态，也让她找到了和这个世界沟通的方式。嘴不能说话，那就用手"说话"；右手不能动，可以用左手画画。她要以画画的方式向人们讲述自己的想法。可习惯了用右手，突然改用左手，谈何容易？她忍住病痛的折磨，克服用左手的艰难，从点到线一笔一画地练习。像一个孩子，把自己遗忘的东西一样一样地拾起。她学的是美学评论，并非绘画，开始时只是画一点简单的线条，但在不断的坚持下，她终于越画越好。父母看她如此艰难，常常落下泪来，她却反过来安慰他们："做喜欢的事，不苦。"

慢慢地，画画成了她重新表达对生活的思考与感悟的方式，她的画具有十分鲜明的个人风格，充满丰富的想象。欣赏她的画，你会发现里面充满了对生命的呐喊与爱，有与自己精神交流的《睡美人》《笼中人》，有与人亲切友爱的《下午茶》，有人与自然和谐相处的《天马行空》，有鼓舞残障孩子的《牛气冲天》，等等，不仅得到业界的高度评价，也赢得了社会众多人士的喜爱与欢迎。

　　画画是她的灯，重新照亮了自己，也照亮了别人。有一幅画，她画了整整 4 个月，是献给外婆的。她的外婆在浙江开化农村，一场大洪水冲毁了她的家。为安慰外婆，她凭着自己的记忆，画出了一幅栩栩如生的《老屋图》，让老人家喜出望外。在生活中，她有很多朋友，每次朋友过生日、结婚、生子，她都会精心绘制画作相赠。她热爱绘画，喜欢画家人，画同学，画朋友，画过去美好的时光，一幅幅画都是在表达她心里的故事。

　　命运跟她开了一个天大的玩笑，她却报以微笑。她开朗乐观，自信坚强。几年来，一直在用画作感恩生活。在得知她的事迹后，海沧区区委宣传部、文明办等 10 个部门联合为她举办了画展，并出版了她的水彩作品画册集。2013 年，她还被评选为"感动厦门十大人物"。她身上散发出的正能量，深深地感染每一个人。

　　她叫汪瑶，一个用左手画画的"烟雾病"女孩。

　　当记者采访她，问她最大的愿望是什么，她用一幅画表达了心声：两个长着蝴蝶翅膀的女孩，是她的朋友，但另一个长着蜗牛身子的她，也在极力往上爬。"烟雾病"女孩的蝴蝶梦，是想告诉世界：虽然我能力有限，但这一切都抵挡不了我对天空的向往。不要害怕生活中缺乏光，因为你可以是光。当你的心中有了一道不会熄灭的光时，你的生命就会永远阳光灿烂。

# 无腿女孩的人生高度

　　2015 年 8 月 29 日，是河南商丘学院新生报到的日子。熙熙攘攘的人，很快被一个用手"走路"的女孩吸引了目光。她没有双腿，独自带着一个大行李包。

　　"90 后"的她出生在南阳新野一户普通的农家，她的童年本该是幸福快乐的。5 岁那年，蹦蹦跳跳的她在穿过马路的时候，被一辆疾驶而来的汽车撞倒在地。等她在医院里醒来时，整个人生彻底改变了。为了保住生命，医生锯掉了她的双腿。

　　她哭着，喊着，她要她的腿。没有腿，她不能下床，不能出门和小伙伴玩耍。凄厉的哭喊充斥着小院，压垮了父母。妈妈不堪精神的折磨，投井自杀；爸爸受不了家中变故，离家出走。年幼的她经受命运一次又一次的打击，只有年迈的爷爷和奶奶与她相依为命。是怨天尤人，痛不欲生？还是痛定思痛，浴火重生？这是摆在一个孩子面前的选择。

　　她逐渐变得懂事，经常帮着爷爷奶奶做一些力所能及的事，帮他们烧火、洗衣、做饭。爷爷对她说："我们年纪大了，跟不了你一辈子，你必须学会自强自立。"这句话刻在了她的心里。7 岁，看到小伙伴都上学了，她好羡慕。爷爷为了满足她上学的愿望，每天背着她去学校。可是，爷爷年过花甲，身子瘦弱，她心疼爷爷，就要求自己"走"着去上学。

第二天，她用右手"穿"着一只鞋，左手提着包裹着伤口的编织袋子，一按一提，尽可能抬高臀部，一点一点向前挪。虽然很难，但终于迈出了第一步。晴天还好，雨天浑身是泥，到家都湿透了。放学后，其他同学回家了，她就在教室里练习用手上下凳子，练得浑身乏力还在坚持。

命运抛弃了我，但我不能抛弃自己。她从小学念到初中，并收到了爱心人士送来的双拐。然而，多次使用，多次摔倒，多次摔坏，在第6副拐杖损坏后，她决定放弃双拐，还是以手代脚。因为一个偶然的机会，她读到美国女子杰西卡·考克斯的故事。考克斯生下来就没有双臂，尽管小时候曾使用过义肢，但最终决定用脚生活。考克斯不仅用脚实现生活自理，还能用脚驾车、弹钢琴、开飞机呢。从此，她把考克斯当成她的偶像，她要证明一点，没有双腿，并不是制约她的因素，她要把每件事做好。

用手"走"在路上，劳累并不算什么。最难过的是，人们投来同情的目光。有一次，"走"累了，她靠在一个墙角休息，"叮当"一声，一枚硬币扔在她面前的地上。她愤怒得想要辩解，自己不是乞丐，但那个施舍者已经走远。日子久了，她不再那么敏感。厄运在乐观和勇者面前，不过是一块随时可以搬开的绊脚石而已，没什么了不起。她克服了常人无法想象的困难，用坚强和乐观的心态面对人生。她把所有的时间和精力都用在学习上，她要用知识来改变命运。

尽管学习中有诸多不易，但初中三年，她都名列前茅，最后以优异成绩考进新野一中。其后，她又学会了攀登楼梯，一点一点向上攀登，几个月下来，攀登起来熟练多了。三年转瞬即逝，作为艺术生，2015 年高考，她的文化课考了 404 分，专业分考了 139 分，超一本线几十分。她报考了几所二本和三本院校，最终被商丘学院工商管理学院人力资源管理专业录取。

以手代步求学 12 年，2015 年 8 月 29 日，她成了一名大学生，新的梦想又将起航。当有人问起为什么一个人来报到时，她微笑着说："我除了没有双腿，其他不差什么，我能独自面对自己的大学生活。"她就是无腿女孩王娟，一个坚信可以自己主宰命运的人。

有记者在采访她时问道："对于命运的不公，有没有抱怨过？"王娟的回答是："面对频繁降临的厄运，最有效的办法就是直面和承担。每个人都是自己的上帝。如果连自己都放弃自己了，还有谁会救你？"

王娟"走"在路上，身高才到别人的腰部。但她的坚强和乐观，足以让人敬佩。

## 听星辰的女孩

　　2016 年 3 月，在南非开普敦的一所中学礼堂里，坐满了盲人孩子。他们兴奋地交谈着，对即将到来的体验充满期待。一位盲人女孩出现在地毯上，示意大家安静。随后，一连串急促的金属敲击声传来，她大声询问："你们听见了吗？这是伽马射线爆发的声音。"孩子们都欢呼起来，因为他们真的听到了星辰的声音。

　　这个女孩名叫默塞德，此次是专门向盲人孩子介绍自己的研究——如何将星体观测的数据转化为声音。默塞德生活在波多黎各，这个加勒比海的岛屿拥有世界第二大射电望远镜。和很多孩子一样，她从小就想当一名科学家。很多时候，她一个人躲在屋里一待就是几个钟头，假装驾驶着太空飞船漫游星际。

　　默塞德学习刻苦，成绩优异，中学毕业后，顺利考进波多黎各大学，专业就是天体物理。良好的师资环境，先进的科学仪器，加上自己的勤奋，她的梦想开始熠熠生辉。大三那年，命运却跟她开了一个残酷的玩笑，她失明了。默塞德患有糖尿病，因为并发症的原因，她的眼疾迅速恶化。在挂上导盲杖的那一刻，她痛不欲生。现实把她的梦想逼入了绝境，她该怎么办？

　　一位好心的导师劝她考虑转行，这是一个理智的建议。她纠结，犹豫，试图说服自己，做什么工作不都是为了一碗饭吗？不当科学家能死吗？但是，另一个声音又从心底响起："你不是个懦弱的人吧？为了这点挫折就轻言放弃？"

　　在困境中还能坚持理想，虽然勇气可嘉，但找到一条适合自己的路似乎更重要。一天上午，她突然来了灵感。失明前，她在天文台做过助理研究员，无意间曾听到射电望远镜传来的信号的嘶嘶作响声。能不能把天文数据转化为声音呢？

　　这是一个大胆的假设，此前没有人尝试过。她想找一位同行者，却没有人愿意和她一起干。人们不是缺乏同情和支持，而是对这件事没有信心。机缘巧合，NASA 的戈达德太空飞行中心为残障人士提供相应的实习机会，默塞德提出了申请，详细陈述了自己对天文学的热爱。飞行中心的负责人被她的诚心打动了，不久，她成了美国马里兰州太阳物理学实验室的一名研究员。

　　默塞德非常珍惜这次难得的机会，每天都在忘我地工作。刚到一个陌生的环境，她在生活上很不适应。饭菜吃得很少，晚上还经常失眠。有一次独自外出，还撞到一个墙角上。这些困难都不算什么，只要能让她为梦想工作，她就心满意足了。她每天绝大部分时间都待在实验室里，唯一的乐趣就是对自己的设想进行多方求证和实验。

　　功夫不负有心人，一年后，她终于第一次听到了星辰的声音。那一刻，她整个人都是颤抖的。在那个炎热的夏天，她和导师罗伯特·坎迪又共同开发了计算机软件 xSonify，帮助用户把数据转化为声音，并借助音调、音量与节奏来表示数值变化，每个音符都对应不同的数值。

　　梦想实现了，她并没有松懈。她想到了无数和她一样有视力障碍的孩子，难以看见浩瀚的宇宙。每个人都应当有机会接触科学，她愿意为这个新的目标继续努力。她要向更多的人介绍自己的研究，让那些失明的孩子都能听到星辰的声音。

　　在中学礼堂里，默塞德给大家播放了太阳风暴的声音，颗粒般的杂音。她提醒孩子们注意音调的变化，那是电磁波放射——像捧了一把玻璃弹珠摔在水泥地上。还有，激变双星像一口新打的钟，干涩的回音在钟身内横冲直撞；波长极短的 X 射线，如同暴风雨中被撕扯的风铃。

　　如今，默塞德已成为国际天文学联合会下属的天文学发展办公室的一员。她参与的 3D 打印项目，向视障学生提供宇宙的打印模型，并鼓励他们从事科技方面的职业。她的团队已经帮助 1100 多组天文爱好者免费搭建自己的射电望远镜。默塞德负责将电磁波转化为声波，进而帮助学生分析和监控他们记录的声音。因为喜欢她，盲人孩子都亲切地称呼她为"星辰姐姐"。

　　当梦想被逼入绝境时，你会怎么办？想想这个听星辰的女孩，也许你会豁然开朗。

## 我很胖，但我很美

泰斯今年 29 岁，为了实现当一名模特的梦想，9 年前她从密西西比州来到纽约。虽然她长着一张迷人的脸，有一双会说话的眼睛，头发也像瀑布一样浓密，但就是没有一家模特公司愿意和她签约。为了生存，她只好到处打工，她做过酒吧的女招待，剧组的临时演员，还在制衣工厂当过女工。

说实话，她的身材实在不敢恭维，她太胖了，身高只有 1.65 米，而身材竟然达到了 22 号。一般情况下，模特都是身材苗条、体形偏瘦的。即使有大号模特，身高也至少需要 1.73 米，身材在 8 到 16 号之间。泰斯看上去就像一个大肉球，一点也不美，这样的个人条件，显然不符合模特公司的要求。

泰斯不想放弃，做一名模特是她儿时的梦想。在她还是孩童的时候，妈妈带着她看了一场模特大赛，她被舞台上的模特深深吸引了，她发誓，长大后也要当一名模特。当被多家模特公司拒之门外的时候，她痛苦万分。看着镜子中的自己，她感到万分厌恶。不能再这样下去了，为了梦想，她要减肥，要变成窈窕淑女。

泰斯在床头贴了一张减肥计划，打工之余，她开始疯狂地实施减肥计划。她到公园里跑步，第一天，她咬着牙跑了一圈，可跑完后她的心脏跳得很快，呼吸困难。后来医生告诉她，像她这种体型，根本不适合跑步。这个办法行不通，她又想到了节食。早晨只喝一杯饮料，中午才敢吃两片面包，一根火腿，晚上只吃一个小苹果。不出三天，她就晕倒在工作间。这个办法也不行，她又找到一家专门减肥的美体机构，任凭美体师在她的肚子上狠劲地抓揉，第二天，她的肚皮疼得不能碰。看到女儿减肥的痛苦，妈妈流下了伤心的眼泪。为了不让妈妈难过，泰斯不得不放弃了减肥。

　　泰斯躺在床上，翻来覆去睡不着。她问自己，我为什么要活在别人的眼光里？模特公司不要我，无非是因为我胖，认为我不美。什么是美丽？有谁规定胖子就不美丽呢？不行，我要改变人们的审美标准，给胖子争取美的权利。

　　想通这个问题后，泰斯再也不苦恼了，她每天都快快乐乐的，做最真实的自己。她在网上发起一个运动，叫"另类审美标准运动"。她的口号是："我很胖，我很美。"她用此理念分享自己的照片，获得网友极大的关注。崇拜她的人越来越多，在某个社交网站上，她的粉丝高达63万人。

　　越来越多的人支持泰斯的"另类审美标准运动"，很多胖女孩找到泰斯，他们组成了一个叫"胖女孩美美美"的组合，经常在一块排练节目，唱歌跳舞样样精通。在美国电视台一次大型选秀节目中，她们的快乐和自信得到了评委的一致称赞，最终得了第一名。每逢万圣节或者圣诞节，泰斯和她的追随者们会走上街头，游行集会，宣传自己另类的审美主张，她们打着横幅，一边游行一边喊着"我很胖，我很美"的口号，很多胖子会加入到她们的队伍中。

当泰斯越来越热衷于把"另类审美标准运动"深入进行下去的时候，意想不到的好事降临了，美国一家老牌的模特公司主动向她抛出橄榄枝，该公司的超大号模特部门和她签订了聘用合同，她终于如愿以偿地成为一名模特了。到目前为止，她是该公司签下的唯一一位超大号模特。据说，该模特公司是因为泰斯的粉丝众多，看中了她的名人效应，所以签约理所当然。泰斯很开心，破茧重生，她没有想到自己也有成功的一天。

人生在世，即使努力，有些事情也是无法改变的。当你遇到这种情况的时候，不如学一学胖子泰斯，敢于承认改变不了的事实，转而从改变心态做起。当你足够优秀的时候，或许外面的世界会因为你而改变衡量的标准。正如有句名言叫："要么你去驾驭生命，要么生命驾驭你，你的心态决定谁是坐骑，谁是骑师。"

# 废墟中的重生

　　她是一个年轻漂亮的舞蹈老师，有一个幸福温馨的家，老公百般呵护她，女儿可爱又美丽。每天早上，她都会迈着轻盈的脚步去上班，走几步，一回头，还能看到老公抱着小女儿站在门前送她，女儿用稚嫩的童音喊着"妈妈，再见！"她怀着幸福的心情走在汉旺这个小镇上，与遇到的每一个熟人热情打招呼，连走路都像在舞蹈。

　　俗话说，生命无常，命运总是喜欢给那些幸福的人更多的考验，她人生的春天就在那一年那一刻被一场灾难埋葬。她清楚地记得，那一天下午，她正在给学生上课，窗外画眉低鸣，白鹭嬉闹，她正给学生做一个舞蹈的示范动作，突然整个教室晃动起来，天旋地转，她被甩出了教室。一定是地震了，她爬起来，迅速返回教室，有序疏导学生往外跑，又是一阵剧烈的晃动，楼房坍塌，她和部分学生被埋在了废墟中。

　　她的世界在一瞬间进入了黑夜。她害怕、恐惧、茫然、绝望。她不知道学生们现在情况怎么样了，她担心女儿和老公以及爸妈的安危。她拼命呼喊求救，可听不到任何回音。时间在流逝，她的体能在消减，意识也在逐渐模糊，她彻底绝望了。她想放弃，想就这样结束生命，结束痛苦。就在这时，她听到一个熟悉的声音在喊："小智，别睡！""小智，别睡！"声音很坚定，叫了很久。她听出那是爸爸的声音，又听到很多人在劝爸爸离开，说她很长时间没有声音，大概是不行了。余震不断，再等下去爸爸会有危险。她听到爸爸拒绝离开，因为"我的女儿还在里面"。爸爸的爱唤回了她活下去的勇气，她用微弱的声音呼喊"爸爸，救我"。

在那一场地震中，她失去了可爱的女儿，失去了双腿，但是没有失去对生活的热爱，她要继续追寻梦想。她想重新站起来，想继续跳舞，舞蹈是她和世界对话的方式，是她的精神寄托。为了实现这个梦想，她用了整整五年时间。

从废墟中被救出来以后，她的双腿被截肢，她每天要坚持两个小时以上的康复训练，即使坐在轮椅上，她也要用双手撑着身体练习平衡。为了能像正常人一样行走、舞蹈，她付出了比别人更多的努力。安装假肢以后，她终于能站起来了，她像个刚学走路的小孩子一样，忐忑不安地迈出了第一步。一阵钻心的疼痛袭来，她出了一身冷汗。但是她咬着牙，又迈出了第二步。假肢是硬的，肉体是软的，她像童话里的小美人鱼一样，勇敢地把鱼尾劈为两半，为了爱，为了梦，她即使在针尖上行走也心甘情愿。

能站起来行走，是她完成梦想的第一步，接下来她开始练习舞蹈动作。一开始由于无法自如地运用假肢，她经常摔倒，弄得身上一片片瘀青。她让老公扶她起来，接着练。由于残肢不是一成不变的，它会随着人的身体变化而变化，可假肢接受腔并不能调节大小，导致残肢与接受腔形状不匹配，不久假肢结合部出现不良反应，有了过敏反应。她住院治疗伤痛，稍微好转后又开始跳舞。她也曾经因疼痛而泪流满面，但一想到自己的梦想，她就有了信心，有了希望。

灾难并没有压垮她年轻的心，亲人的爱给了她重新追逐梦想的翅膀。经历了地震后，她乐观、积极向上的一面被激发出来，她变得更坚强、更包容。2013 年 4 月 14 日，中央电视台大型励志真人秀节目《舞出我人生》第一期开播，她优雅地站在了舞台上，与她搭档的是著名影视演员杨志刚。《命运交响曲》响起来了，两个人配合默契，神情坚强，她白裙飘飘，舞步流畅，美丽圣洁宛如一位仙子。三位评委感动了，全票通过，全场 100 个观众被震撼了，给了他们 89 分。他们成功晋级。

这个舞蹈是她自编的，名字叫《废墟中的重生》，这个没有腿却跳出了最美舞蹈的姑娘，名叫廖智，2008 年汶川地震的幸存者之一。她以自己最真实的坚强，让著名舞蹈家杨丽萍佩服，让杨志刚为她的梦想甘愿挥汗如雨。她不但自己站了起来，也让许多在精神上趴下去的人重新站了起来，这就是在废墟中重生的意义。

　　多难兴邦，2013 年 4 月 20 日，四川雅安发生了 7.0 级地震，廖智连夜赶往灾区，在危难时刻，她必须和家乡人民站在一起。她说，虽然她力气不算大，但对废墟中生存者的情况比较熟悉，她要尽自己绵薄之力，希望家乡能在灾难过后如凤凰涅槃，浴火重生。

# 大胡子女孩

英国女孩哈南从小就有个梦想，穿漂亮的衣服，化美丽的妆，做一个出色的电影明星。她有这个自信，镜子里的她皮肤白皙，眼睛灵动有神，就像公主一样高贵、漂亮。

可是，长到 11 岁，她的身体发生了不可思议的变化，脸部、胸口及双臂的毛发开始茂密生长，她相当尴尬和痛苦。每次出门时，她都要穿上厚厚的衣服，戴上大口罩来遮丑，但还是会被别人发现。这样一副丑样子，怎么当电影明星呢？

哈南痛恨自己的丑陋，经常用手狠劲地拔除这些毛发。可是，毛发那么多，她怎么拔得完呢？爸妈疼爱女儿，他们带着哈南去看了很多医生，得出的结论一致：哈南患上了多囊卵巢综合征，导致体内的雄性激素分泌过多，从而体毛旺盛。爸妈发誓，无论花多少钱都要把女儿的病治好。一位权威的医生无奈地表示，对于这种病，目前他们毫无办法。

每一天对哈南来说都是煎熬，在学校里，她被看成怪物，同学们嘲笑她不男不女，还给她起了个外号叫"大胡子毛线帽"。操场上，女孩们拒绝和她一起玩耍，男孩们嬉闹着拽她的胡子。上厕所的时候，女孩们把她堵在门外，以致哈南尿了裤子。

　　哈南在学校里受尽欺负，她再也不想上学了。她把自己关在家里，连大街都不敢上。随着年龄的增长，爱美的天性让她更加讨厌自己。她每天坐在电脑前网购，花费大量的金钱买了一堆脱毛产品，不断剃毛及漂毛，平均每周脱毛两次。结果呢，反而让毛发越长越多。她彻底绝望了。

　　哈南偷偷买了安眠药，准备以吞药自杀的方式和这个世界诀别。细心的妈妈早就发现哈南的异常行为，提前下班回家。看到哈南自杀，妈妈痛不欲生，流着泪把哈南送到医院，从死亡的边缘把哈南救了回来。哈南什么话也不说，她对这个世界已经绝望了。

　　妈妈担心她再做傻事，就打电话把哈南的哥哥从大学里叫了回来。哥哥坐在哈南的床边，安慰她、鼓励她。哥哥说："与其结束自己的生命，不如把这些精力用在让你的生活发生逆转的事情上。"哈南认真地思索哥哥的话，越想越觉得有道理，一个连死都不怕的人，为什么缺乏直面生活的勇气？

　　16 岁，成了哈南人生的分界点。因为哥哥的鼓励，哈南改变了自己悲观的想法，她，决定接受洗礼，皈依锡克教。该教禁止教徒剪掉自己身上的毛发，在他们看来，长须表示睿智、博学和大胆。因此，她遵照规定，保留自己的自然相貌，任由胡须生长。很快，她就成了一个大胡子女孩。

长了胡子怕什么？从皈依锡克教那天起，哈南就不再是那个自卑绝望的女孩了，她变得豁达自信，甚至觉得胡须让她更性感。哈南在日记中写道："我再也不会像以前那样为自己感到耻辱，上帝把我造就成了现在这个样子，我欣然接受。我觉得现在的自己比以前更有女人味，更有魅力了。"她习惯了不戴口罩出门，出入超市电影院等公众场合，虽然仍然会被人盯着看，但她一笑了之，根本不放在心上。

此后，哈南被一所锡克教小学聘请为教学助理。她竟然拿自己的络腮胡子开玩笑，对学生笑称"胡须是万圣节服饰"。天真的孩子反问"那胡子在哪里买？我也想要胡子"。因为胡子，哈南和学生们打成一片，成了学生最喜欢的老师。

哈南坚持按自己的方式生活，她充满自信。她会像其他女孩一样穿裙子、化妆及戴首饰，声称永远不会剃须。23 岁，她接受摄影师邀请，拍摄了一组留有胡须的古典婚纱照，胡须上还扎有许多小花。她说，这组照片"让我感觉自己是一名勇敢自信的女性，不怕挑战社会的传统审美观"。当这组大胡子的婚纱照上传到网上时，竟得到网友们纷纷点赞。他们赞美哈南的勇敢，赞美哈南的胡子具有超乎想象的魅力。哈南又建立了一个网络视频频道，把自己的经历拍成影片，希望能为更多和她拥有同样经历的人带去力量和希望。她强调会爱惜自己，不怕死亡威胁。哈南的频道订阅人数已超过 30 万，这个大胡子女孩的勇敢和自信感动了世界。

## 要做，就做千年沉香

在北京有一家特殊的火锅店，店里有一个特殊的女孩。这家店特殊在店里大部分服务员都是聋哑孩子；这个女孩特殊在她有一个梦想，她梦想成为一个舞蹈家，到世界各地去演出。

这个女孩名叫许丹丹，今年23岁，餐厅服务员，头发在脑后松松绾一个髻，干练中透着灵气。在干好本职工作的同时，她更想实现自己的舞蹈梦，那才是她心中的至爱。

许丹丹的童年和别的孩子不一样，3岁时，一场高烧让她失去了听力，不久，她连说话的能力也丧失了。懂事以后她才明白，自己和别人不一样，是个聋哑人。别人上学，她也上学，但她只能上聋哑学校，面对现实，她孤独而又自卑。在学校里，她有幸参加了舞蹈队，终于找到了和这个世界沟通的方式，找到了重新塑造人生的砝码，那就是舞蹈，从此她沉迷在舞蹈的世界里，不能自拔。

从聋哑学校毕业后，许丹丹的家里发生了很多事。父亲在外地打工时受了伤，躺在床上起不来。母亲一边照顾父亲，一边忙着地里的活儿。家庭经济实在拮据，再也没有能力供她上学了。为了帮衬家里，许丹丹离开家乡，到北京一家火锅店做了服务员。

　　许丹丹的工作时间是每天的中午 12 点到晚上 11 点，每月有 5 天的假期。在别的女孩子热衷于逛街购物时，许丹丹却利用业余时间学习舞蹈。每天无论多晚，她回到宿舍后都会和室友一起编排舞蹈，衣服架就是把杆，宿舍就是舞厅，两人相互切磋。她从来没睡过懒觉，每天早晨很早就起床，到公园里去练习舞蹈基本功。假日里，她跟着一位著名舞蹈老师学习舞蹈。这位老师脾气古怪，一开始不肯收许丹丹做学生。她认为，音乐是舞蹈天生的催化剂，只有正常人才会把舞蹈跳得和音乐的节奏合拍。许丹丹是听不见音乐的，所以她有意刁难，想让许丹丹知难而退。她看了一遍许丹丹的舞蹈后，挑刺说，叉腿不到位，提腿不准确，手位不协调，然后就把许丹丹扔在那里，准备一走了之。许丹丹苦苦请求老师再给自己一次机会，苦苦哀求的结果是老师答应半个月以后再看她跳一次。半个月里，许丹丹把所有的业余时间都用在了舞蹈上，旋转，旋转，把自己变成一只陀螺。对于音乐的节拍，她唯一的方法就是记忆，重复，再记忆，再重复，心中有一支隐形的乐队在为她伴奏。在她眼里，一切困难都可以克服。半个月后，当她再一次在老师面前舞蹈时，老师惊呆了，被她完美的表演深深吸引，终于答应收下她，她是老师收下的唯一一名残疾学员。

　　许丹丹很珍惜跟老师学习舞蹈的机会，练习很刻苦。北京的冬天很冷，排练厅里也不暖和。许丹丹穿得很单薄，因为舞蹈动作难度很大，她不停地练习，头上和身上流了很多汗。有一个动作需要两个膝盖在木质地板上不停翻转，结果她两个膝盖上都出了血。她听不到音乐的高低起伏，就自己想办法，把音箱声音放到最大，身体靠在音箱上感受高音的震颤，或者躺在地板上感受鼓点和节拍。看着老师的口型和打出的拍子，把一套舞蹈动作分解为上千个动作，细心琢磨，反复磨合，直到和整个团队达成默契。为了舞蹈，她付出比常人多百倍的辛勤和汗水，再苦再累也无怨无悔。

功夫不负有心人。许丹丹成为北京某残疾人艺术团的一名骨干队员，经常到外地演出。她最拿手的舞蹈就是"千手观音"。她站在领舞的位置，舞姿曼妙，脸上露出当年邰丽华那样恬美的微笑，她彻底征服了观众，为自己赢来了热烈的掌声。虽然和"舞蹈家"这个梦想还有些距离，但是距离实现梦想那一天越来越近。

许丹丹的事迹被媒体报道之后，不少人奇怪，到底是什么力量支撑这个姑娘从不放弃梦想？许丹丹用手语讲述了自己的亲身经历：

有一次她去参观一座沉香博物馆，看到沉香柔润细腻若脂膏，又千疮百孔如朽木。她不相信这就是"一寸沉香一寸金"的沉香，她以为是沉香木呢。导游告诉她，沉香不可貌相，它不是沉香木，而是沉香木受到伤害之后，伤口分泌出来的一种自我保护的油脂，通过微生物的分解后形成的一种香料。导游的一句话，让她瞬间领悟了生命的意义。

沉香是树的伤痛，珍珠是蚌的病灶，牛黄是牛的胆囊结石，美好总是孕育在痛苦之中，处于极端的两个事物，亦可彼此成就。所以，做人一定要有梦想，无声的世界里，舞蹈也能撼动世界。身体的缺憾不会成为梦想实现的羁绊，反而会激发对梦想的追寻，心中有梦，永远不会迷失方向，要做，就做千年沉香。

第三辑

你所羡慕的成功

都是有备而来

他们是明星、是导演、是奥运冠军、是诺贝尔奖得主、

是企业 CEO、是 IT 精英、是我们仰望的偶像、成功的榜样。

但是，你只看到他们现在的出类拔萃，却没看到他们背后付出的努力。

在这个世界上，没有随随便便的成功。

他们也曾默默无闻，名不见经传，

但他们刻苦、专注、坚持，最后才有了现在的成功。

# 张慧雯：青春是一场冒险

　　她默默无闻名不见经传，却顺利被张艺谋导演选中；她毫无表演经验，却在电影《归来》中和巩俐、陈道明演对手戏，饰演"丹丹"一角备受好评；她在娱乐圈没有显赫的背景，却登上了戛纳国际电影节的红毯。她叫张慧雯，新一代"谋"女郎。这个幸运的90后女孩在总结自己的成长道路时说："青春是一场冒险。"

　　2014年，张慧雯21岁，还是北京舞蹈学院大四的学生。她出生在江西，父母都是普通的公务员，和演艺圈没有任何交集。张慧雯从小就对舞蹈特别痴迷，考上了北京舞蹈学院。在同学眼中，张慧雯有主见、有个性，她经常说的一句话是："只要是我喜欢的，就算没有把握也会去尝试。就算失败了，也能在这当中体会到一些东西。"

　　刚进北京舞蹈学院时，张慧雯原来上的艺校不如其他同学上的艺校有名，没有引起老师的关注，每次上课给她安排的座位都是靠边的，这样的不公平待遇让她有一种被遗弃的感觉。张慧雯自己跟自己较上了劲，埋头苦练，没人给她纠正错误，她就趁老师评价别人舞姿时，做自我心理调整，她心里想着"老师评点别人相当于评点我，总有一天老师会认识我的。"第二年，她尝试着自己创作了一个剧目《映山红》，一下子抓住了老师的眼球。老师觉得这个女孩的表演还不错，慢慢有了一些闪光点，于是就开始关注她。正是这一次大胆尝试，给她带来了好运，2011 年，她幸运地代表班级参加了在土耳其举办的"中国文化年"的演出。

只要敢于尝试，任何事情都可以改变，只要有机会，命运可以靠自己来创造。随着年龄的增长，张慧雯越来越清晰地认识到这一点，她是这样想的，也是这样做的。

2013 年 3 月，听说有副导演到学校找演员，而且找的是芭蕾舞演员。张慧雯是学民族舞的，不符合条件，但张慧雯觉得这是个机会，不管行不行都要大胆尝试一下，反正也没什么事情，她就去试镜了。她根本不知道什么是演戏，第一次试镜，连导演是谁都不知道。在表演了几段舞蹈，通过了剧组出题演的小品，两轮面试之后，副导演带着张慧雯见导演，门一推开，导演上来跟她握手，她反应了好几秒钟，才认出导演是张艺谋，一下就被惊到了。

众所周知，参加张艺谋的海选比艺考还难，即使面试了七八回，最后也不一定就是你。经过层层海选，张慧雯在茫茫人海中被张艺谋相中，选定出演"丹丹"一角，但因为没有表演经历和基础，张慧雯很快就投入到严苛艰苦的集训中。为了《归来》这部电影，张慧雯开始在很多新的领域中挑战自己，这对她来说，是一次次大胆的尝试。她的身材微胖，不太符合"文革"时期"丹丹"的身材，张慧雯就减肥，甚至饿晕过好几次。她原来是学民族舞的，不是跳芭蕾舞的，因此脚尖着地的动作对她来说很困难，芭蕾舞的基本功就是"立足尖"，许多舞蹈演员从小开始练习，都需要练很多年，而张慧雯只有两个月用来练习。她刻苦练习，每天练习结束，回去都得用冰袋敷脚。两个月之后，她的芭蕾舞已经跳得有模有样了。

影片《归来》作为张艺谋执导的第二十部长片电影，主要讲述了一段发生在"文革"时期感人至深的情感纠葛。作为90后的张慧雯对于"文革"那个时期没有概念，只能凭导演讲戏慢慢向角色靠拢。为了抓住角色在那个特定时期的眼神精髓，张慧雯一有空就看革命样板戏，琢磨角色。在不断的练习和揣摩中，张慧雯逐渐掌握了表演要领和精髓，完美地还原出了一个"文革"时期的少女独特的气质和心理挣扎。哭戏对于专业演员来说或许并不困难，但是对于从未学过表演的张慧雯来说则是一个挑战。那一天在天津拍摄一场大雨中在街边痛哭的一场戏时，已经是凌晨三四点钟，天气很冷，张慧雯等了很久，穿的衣服很少，又湿透了，就这样坐在马路边上，一遍又一遍地拍摄。拍到最后，体力透支的张慧雯在停靠自行车时重重摔倒在地上，然而导演张艺谋并没有及时叫停，任其在雨中挣扎。

张慧雯因为参演电影《归来》而成为新一代"谋"女郎，走在戛纳电影节的红毯上，她落落大方、星味十足。生活中有许多的"不可能"，其实，这些"不可能"大多是来自于人们的害怕和逃避，只要能拿出勇气主动出击，大胆尝试，那些"不可能"就会变成"可能"。张慧雯的青春就是一场冒险，因为敢于大胆尝试，她终于把"不可能"变成了"可能"，从一位普通大学生一跃成为新一代"谋"女郎。

# 小彩旗：杨家有女初长成

旋转，旋转，加速……在 2014 年央视的马年春晚上，15 岁的天才少女小彩旗，不鸣则已一鸣惊人，以良好的平衡感在舞台上连续旋转了 4 个小时，创下了央视春晚的一个奇迹。

这个像仙子一样清纯美丽的小女孩扮演的角色是"时间"，引领观众走进四季。春季发芽的朦胧，夏季花朵的初心，秋季淡淡的忧伤，冬季时光的凝固，都让观众如痴如醉。4 个小时的旋转让观众心疼，但小彩旗却感觉很 high 很享受。春晚已经落下了帷幕，小彩旗在春晚舞台上一夜成名，成了全国观众热议的人物。

## （一）舞蹈是与神对话

小彩旗是杨丽萍三妹杨丽梅的女儿。3 岁那年，跟着妈妈第一次到北京，来姨妈杨丽萍家做客。北京的云朵那么小，也没有从苍山上流下的小河，她不想来，是被妈妈硬抱着来到北京的。可没想到的是，刚到北京才一天，这个小女孩就再也舍不得走了，因为她发现了比白云和小河更美的东西，那就是姨妈的舞蹈。

　　杨丽萍当晚把三妹母女俩安排在楼下休息，自己上楼创作舞蹈。为了不影响家人休息，杨丽萍创作时几乎不用音乐，动作也尽可能放轻，偶尔发出双脚与地板摩擦的轻微声响。即便如此，听觉敏锐的小彩旗还是听到了姨妈舞蹈的声音，半夜里，小彩旗悄悄来到楼上，突然看到了姨妈的另一面。姨妈沉浸在舞蹈的世界里，忘记了一切，就像一个舞蹈精灵，具有超凡脱俗的美丽。小彩旗被彻底吸引了，敛声屏气地坐在地板上，一声不吭地盯着姨妈看，一看就是几个小时，简直变成了一尊雕塑。

　　第二天清晨，小彩旗在院子里和姨妈散步，两人手牵着手，说得兴高采烈。妈妈逗小彩旗说："明天，咱们回大理好吗？"小彩旗摇摇头："我不回去了，我要看姨妈跳舞。"孩子的执着感动了杨丽萍，她让小彩旗给自己表演一段舞蹈。小彩旗一点也不怯场，来了一段难度不低的旋转。杨丽萍赞叹不已："这孩子身上有灵性，那就留下来吧。"

　　从那以后，小彩旗就留在杨丽萍身边，跟着她学跳舞。杨丽萍对舞蹈有一种偏执的喜爱，因为追求完美，要求异常严格，所以，她的学生不好当。以前团里也招过小演员，那些孩子每次来跳舞都是一家人忙前忙后，加上娇生惯养，一般只练两三天便不练了。但小彩旗不怕吃苦，只要跳舞就高兴，一旦疯起来，无论在什么地方都要跳舞。有一次已经凌晨两点多，她一个人还在房间里疯狂地跳。杨丽萍教小彩旗练《雀之灵》，练习时需要摆"孔雀手"的姿势，小彩旗老摆不好，姨妈便一直教她，她就一直练，直到练会为止。毕竟是小孩子，小彩旗偶尔也会耍耍小性子。有一次，小彩旗练习一个舞蹈动作，一练就是几个小时，她有点厌烦了，就噘着嘴巴表示不高兴。杨丽萍在小彩旗的手上画了一只眼睛，告诉她，舞蹈就是与神对话。小彩旗懂事地点点头，她在姨妈的眼神中看到了虔诚。就这样，她跟着姨妈一学就是两年，舞姿越来越娴熟，开始渴望一试身手。

　　小彩旗5岁那年，终于如愿以偿地登上舞台，在大型原生态歌舞《云南映象》中表演，她像一只不知疲倦的小陀螺，旋转，旋转，旋转出惊人的美丽。

## （二）菩提树下许个心愿

　　为了舞蹈事业，杨丽萍没有生育自己的孩子，她的内心深处，难免会有遗憾，直到外甥女小彩旗来到她的身边，从此，一切都改变了。小彩旗从小在姨妈身边长大，她崇拜杨丽萍，也非常喜欢杨丽萍，她管姨妈叫妈妈，就像一件贴心的小棉袄，让杨丽萍的生活从此不再有遗憾。

　　当年，杨丽萍倾心打造了大型原生态歌舞《云南映象》，小彩旗也想上台参演，但杨丽萍有顾虑，毕竟小彩旗才 5 岁，要是演砸就麻烦了。小彩旗是个鬼精灵，她知道如何打动姨妈的心。随姨妈回云南采风时，她在菩提树前双手合十许愿，还买了许愿灯。"姨妈，想不想知道我许的是什么愿？"小彩旗神秘地对姨妈说。杨丽萍笑了："向神许的愿是不能跟人说的，你告诉我就不灵了！"小彩旗认真地说："可这个愿望神帮不了我，只有告诉你才灵验呢！"听了外甥女的愿望，杨丽萍终于下定决心，让小彩旗登台表演，小彩旗不仅不怯场，而且舞台表现力超强，这一演就获得了观众的认可。

　　小彩旗虽然年纪小，却很知道疼人。《云南映象》里的演员大部分来自偏远山寨，回家办护照很不容易。担心有些演员因为办护照和签证延误而无法出国演出，焦虑的杨丽萍开始失眠。小彩旗似乎明白姨妈的心情，她不知道从哪里找来一把牛角梳子，一有空就帮姨妈梳头，梳完头还让她喝一种红枣饮料。"红枣饮料是用我自己的零用钱买的。"她对姨妈解释，"我从报纸上看到，红枣可以减轻压力，用牛角梳梳头也可以减减压力！"看着这个小人精，杨丽萍心里一暖。

　　杨丽萍在跳独舞《月光》时，因动作幅度过大，不慎将脚踝扭伤。医生为杨丽萍打上了厚厚的石膏，还命令她 80 天之内不许跳舞。杨丽萍躺在床上，小彩旗像一只小猫伏在她床前，眼泪成串地落下。杨丽萍安慰她："别担心，姨妈虽然短时间内不能跳舞，但演出照常进行，姨妈有替补演员啊……""不是这样的！"小彩旗边说边伤心地哭出声来，"两年前妈妈不让我跳舞，我在夜里偷偷哭了很多次。现在医生不让您跳舞，您心里一定很难受……"几句话，惹得杨丽萍一阵心酸。第二天醒来，杨丽萍发现小彩旗还趴在床前，手里端一个托盘，盘子里盛着剥好的虾和蟹黄。

　　杨丽萍鼻子一酸，几乎落泪。她掩饰自己的情绪，故意捏了一下小彩旗的鼻尖逗她："小丫头长大了，知道心疼姨妈了！""在我心里，您是姨妈，也是妈妈！"这一声"妈妈"，让杨丽萍忍了很久的泪水夺眶而出。

## （三）时间不会停下来

　　小彩旗年纪虽然小，却是一位老演员了，有丰富的演出经验。对这个小外甥女，杨丽萍倾注了自己所有的感情："这个娃娃天赋太好了，是个跳舞的苗子，以后《雀之灵》的领舞肯定是她！"在这个被杨丽萍寄予厚望的可爱女孩身上，有着令人仰视的职业操守。小彩旗从来不会因为生病而不上台表演，即使发烧到 39 摄氏度，她也会照样登台。小彩旗说，只要一上台表演，精神和注意力就会集中在跳舞这件事上，病痛马上就被吓跑。

　　还有一次，小彩旗因为玩刀伤到了手，缝了好几针，正好第二天有演出任务，杨丽萍劝她别登台了，小彩旗不听，照样精神饱满地上台表演。她举着那只缝了好几针的手，只用一只手打鼓，节奏一点不乱，一直坚持到演出结束，杨丽萍心疼得只想落泪。

　　在 2014 年央视马年春晚舞台上，小彩旗要连续不停地旋转 4 个小时。有人计算过，平均 0.76 秒转一圈，假如一直以这个速度转下去，从 8 点转到零点，小彩旗转了近 19000 圈。别说是一个孩子，就是一个成年人也吃不消啊。当她转到 3 个多小时的时候，冯小刚导演找到杨丽萍说，孩子实在太辛苦了，是不是停下来？当杨丽萍把冯导的话转述给小彩旗的时候，小彩旗不答应，她说，"我代表的是时间，时间怎么能停下来呢？"小彩旗拒绝了冯导的好意，坚持完成了 4 个小时的旋转，最后加速，定格，亮相，出色地完成了对时间的诠释，也赢得了观众的赞许。

　　春晚之后，小彩旗火了，多家媒体竞相采访她，大街小巷的人都在谈论她。面对突然而至的荣耀，小彩旗出奇的淡定，她最常说的一句话就是"还好啦"，因为内心深处，她始终认为自己只是个普通人，就像蔬菜一样，简单地生长，欣喜地收获。

　　春天是小彩旗最喜欢的季节，她曾经在湖南卫视和姨妈表演舞蹈《春》，手部动作是萌芽破土，长发是瀑布，小彩旗是主演，杨丽萍伴舞，把春容万物，新老更替的意境诠释得淋漓尽致。杨家有女初长成，也许，对小彩旗而言，舞蹈包含更多的意义，从《云南映象》到《云南的响声》，到《孔雀》，再到春晚，小彩旗之于杨丽萍，除了延续一个舞者的信仰，还有家族传承的荣耀。

　　前面的路还很长……

## 张艺兴：为了梦想轻装上阵

你知道韩国组合 EXO-M 吗？听说过张艺兴吗？如果你的回答是 No，那证明你 out 了。

EXO-M 出道三年，就打破了中韩两国十二年唱片销售的记录，演唱会门票以 1.47 秒售罄，破历史最快销售纪录。作为主领舞、副主唱和乐器担当的张艺兴更是全能人气王。温柔哥、张才子、酒窝暖男、哈特兴、创作小王子等，都是粉丝们送给他的昵称。一个 1991 年出生的大男孩，在娱乐圈如此受欢迎，实在是件不可多得的事。

张艺兴出生在湖南长沙，爸爸爱唱歌，妈妈崇拜刘德华。受家庭的熏陶，他自小爱好文艺，天赋惊人。两岁时，他登台演唱《我的太阳》，一点也不走调。模仿一个叔叔的表演动作，惟妙惟肖。从儿时起，当明星就是他的梦想。

张艺兴的童年没有动漫，也没有网络游戏，课余时间，不是上特长班，就是参加比赛。有时候，他也很羡慕同学们，能无忧无虑地说玩就玩，但他不行，他必须向着自己的梦想努力。6 岁，他出演一部宣传遵守交通法规的公益电视剧；9 岁，他参加了《音乐不断》；14 岁，他参加湖南经视《明星学院》，获得总决赛季军。他一步一步地向梦想迈进。

2008 年 10 月，通过选拔，他成为韩国 S. M. 娱乐有限公司旗下的练习生，赴韩国进行为期四年的练习生生活。语言不通，生活习惯不同，紧张繁忙的训练，让他很不适应。想家的时候，他也曾偷偷哭泣。妈妈担心他，就跑到韩国去看他。但想见他一面很不容易。住三四天，往往只能在一起待半个小时。因为他随时都要加课或者加行程。只能在一个约定的地方匆匆一见。有一次，正赶上韩国 50 年不遇的大雪，两个人坐在街头小店里，他靠在妈妈身边睡着了。有妈妈在身边，是多么温暖。

为了梦想，他必须忍受和家人分离的痛苦，把精力全部集中在训练上。在他身上，看不到辛苦，从来没说过累。四年中，他从来是练习室里第一个来最后一个走的人，能否出道的焦虑压在每一个成员身上。其他练习生选择放松缓解心情，而他依旧在练习室练舞。只有拼尽全力，才能让自己不后悔。他和妈妈视频，给妈妈看的是，把自己的背心脱下来，拧了一地的汗水。妈妈心疼得直掉眼泪。

2012 年，一个名为 EXO 的新人团体受到大众的强力支持。专辑主打歌《MAMA》以雄壮的音乐凸显了 EXO-M 成员极具魅力的嗓音。终于出道了，张艺兴的努力没有白费。随后，EXO 组合很快火了起来。S. M. 公司一向以严苛的要求出名，不久，另外三个中国成员纷纷与公司解约，让重感情的张艺兴痛哭多次。但他坚持下来了，这么多年，他学到最多的就是契约精神。签下的合约，答应的事，一定办到。2014 年，他也有了回国发展的想法，并不是贪图安逸的生活，而是为了不断向前走，不断进步。但当时，这根本是不可能的。2015 年，他终于靠坚持打动了公司，同意他回国成立工作室，给个人更大的自由和自主权。破天荒的幸福，让他背负了太多的误解。有人说他曾经出卖过吴亦凡，也有人说他为了上位心机太重。他一笑了之，并没有放在心上。他知道，自己只是个为了梦想坚持的男孩而已，事实就是如此简单。

　　成立了工作室，他的心情喜忧参半。喜的是愿望达成，忧的是怕做不好，辜负那些对自己好的人。因此，他要付出更多的努力。在他的青春里，没有爱情，没有其他娱乐活动，有的只是工作，拼命地工作。

　　因为小时候切除了肥大的扁桃体，导致他有凝血功能的障碍。2015 年 4 月 4 日，他在北京拍了大夜戏之后，就赶回韩国录制打歌节目。粉丝们看到，有鲜血从他戴的铆钉手套里不断流出来，但他仍然在唱歌、舞蹈，没有一句多余的话。因为之前不小心摔倒划破了手，虽然进行了简单包扎，但凝血功能缺失让他的伤口迟迟不能愈合。

　　张艺兴说，自己是个没有办法分心的人，所以在追梦的路上，必须轻装上阵。人生就是这样，出发时负重太多，走起来就会疲惫不堪。只有懂得舍弃，当背包里只剩下梦想的时候，成功就指日可待了。

## 乔乔：砸锅卖铁去做一件事

  乔乔是中国电影界的苦行僧，人称"最有担当的青年导演"。身边的朋友说他简直是个疯子，认准了一件事，就会一条道走到黑，不撞南墙不回头。而他自己则称，有时候，即使砸锅卖铁也要去做他认定的事。

  在人们的心目中，导演是个很风光的职业，拍商业片，既赚钱又体面，还能在星光熠熠的圈子里积累人脉和经验。但从北京电影学院毕业的青年导演乔乔却走上了一条绝对非主流的羊肠小道：拍公益电影，用光影来保护生态环境。因为他对自然环境出奇地热爱，对逐渐恶化的生存环境痛心疾首。他的梦想是：当今的互联网不再需要偶像，但一定需要正能量，用电影人的担当唤醒人们环境保护的意识。

  2008 年，6 个年轻人怀揣着梦想上路了，为了拍摄中国野生动物电影，乔乔执着地走上了一段孤独、艰辛又危险重重的旅程。摄制组一年四季奔波在野外，风霜雨雪，披星戴月。因为没有车，每天扛着 100 多斤的摄录器材往返于驻地和拍摄地，有时候要走上一两个小时。早上常常四五点就起床，而晚上收工回到驻地都已经 11

点多了，一天只有三四个小时的睡眠时间。为了省钱，住最便宜的旅店，或者就在拍摄地附近搭个帐篷，风餐露宿，常常是一天只吃一顿饭。

常年在野外拍摄，危险不可避免。为了不惊扰野生动物，并找到最佳拍摄角度，高难度的拍摄动作常常上演。一次在山西，为了拍摄悬崖上的鹭鸟，乔乔系着安全索，躲在峭壁上一块突起的石头上，身后是无可依傍的峭壁，下面是深不见底的黄河。虽然后怕，但拍摄的时候根本顾不上想太多。2010 年夏天，乔乔和摄制组拍摄黄苇鹣繁殖，乔乔肩扛三脚架、手举摄影机等重型设备艰难行走在齐腰深的黄河中，不料一条红点锦蛇迎面游来，乔乔一个趔趄，连同摄影机淹没在滚滚黄河中，幸好他水性好，才躲过一劫，但摄影机等设备全部落入水中，摄制组为此付出了惨痛代价。

理想和现实总是格格不入，在拍摄的过程中，资金成为最大的困难。自然及环境类纪录片摄制在中国尚处于零起步的阶段，没有投资者的投资，没有基金会的援助，没有政府的支持，所有的重担都落在了乔乔身上。有人建议他通过植入广告的方式解决资金问题，乔乔却做不出这样的事来："纪录片里植入广告，那成什么了？太不伦不类了吧。"为了筹措资金，将纪录片继续拍摄下去，他卖了房子又卖车，借完亲戚借朋友。5 年的拍摄过程，已耗资数百万，这对于一个年轻的小伙子来说，无疑是一个巨大的数字。乔乔已经砸锅卖铁，负债累累，但他却毫无怨言，乐在其中。

　　经过 5 年的拍摄，从 2000 多个小时的拍摄素材中，通过后期剪辑，最终成了一部 12 分 21 秒的《迷失的家园》。这部片子以野生动物为主人公，全片无台词，无解说，无旁白，无字幕，没有任何人为的语言和文字说教，以现实主义创作手法刻画了我们人类给自然以及动物所带来的伤痛，真实地展现了它们悲惨的命运，具有深切的人文主义关怀，感人至深，催人泪下。在第二届中国·西安国际民间影像节上，《迷失的家园》从来自全球 35 个国家和地区的一万多部参赛作品中脱颖而出，在主竞赛单元角逐中获得"最佳短片作品奖"。

　　用光影的温度感染心灵，用光影的力量呼唤公益，获奖之后的乔乔开始被社会广泛关注。李安的御用摄影师林良忠先生非常欣赏乔乔和他的作品，曾戏谑地送他一副对联，上联：做公益，卖车卖房拍电影；下联：为环保，愿做电影苦行僧。乔乔来了个横批：自讨苦吃。

　　独立电影导演王笠人曾说"艺术需要一些疯狂"。其实，为了追逐心中的梦想，哪个行业不需要疯狂？疯狂就是无限执着，不怕危险，不怕牺牲。

## "冷板凳"坐出"热主持"

1999 年，作为北京广播学院播音系的优秀毕业生，她被分配到上海电视台新闻综合频道。意气风发的她，满心想着可以拿起心爱的话筒，一展才华。可事与愿违，新闻频道每个岗位都有了主持人，台里就安排她先到行政办公室帮忙，工作内容是装订人事档案。

从此，她开始了单调乏味的工作。每天早上 8 点钟，她准时上班，打开抽屉，一页一页检查员工档案，看看有没有写错或者遗漏的信息，发现了就动手改正或填补。剪刀、尺子、修正液，她整天和这三样为伍。在同事们面前，她始终面露微笑，可当一个人的时候，她却是眉头紧皱、心事重重。

3 个月过去了，她的工作毫无改变，还是每天做着装订档案的工作，和话筒无缘，和新闻无关，这对播音系优秀毕业生的她而言，无疑是个大大的讽刺。焦虑一点点吞噬着她的耐心。这样的日子，什么时候是头啊？眼看着和她同时进入电视台的同学，已经陆续有了属于自己的栏目，干得风生水起，而自己还整天干着与自己的抱负不相干的事，她能不急吗？

　　思前想后，她真的不想再干下去了，她想辞职另找工作。于是，她给远在桂林的妈妈打了一个电话，诉说自己的苦闷。电话那头，妈妈语重心长地劝她："谁规定年轻人刚进单位就一定要被安排在对口的岗位上？挑大梁的想法没错，但要看机会。没准儿领导就是在考验你，看你愿不愿意做小事，能不能先把小事做好，考验你是不是一个眼高手低的孩子。要想成功，一定要坐得住'冷板凳'，要守住初心。"

　　妈妈的话，让她心里有了光，当不能改变环境时，不妨先从改变自身做起。她调整好心态，开始真正快乐地工作了，每天开开心心地上班，把装订档案这活儿干利索后，一有机会就去实地观摩前辈们怎么主持。这样一来，"冷板凳"倒坐得热乎起来了。

　　不久，电视台策划搞一场华人新秀歌手大赛，决定女主持人启用"新面孔"。有人和导演提议："台里分进来个扎辫子的小姑娘，整天乐呵呵的，看着蛮有灵气，可以找她试试。"导演就找到装订档案的她，两人聊了一会儿以后，当场定下由她来主持。从此，她在播音的道路上越走越好：先是在《上海早晨》栏目开启了她的主播生涯，后来担任央视《第一时间》栏目的主持人，现在，她成了央视《新闻联播》里最年轻的"国脸"。这个受到亿万观众瞩目的人就是欧阳夏丹。

　　在许多年轻人眼里，她是幸运的，是成功的典范。可是，没有人能随随便便成功，能快乐地坐住"冷板凳"，守住初心，在看不见未来时积蓄能量，于热闹纷纭中保持清醒，甘于等待，耐住寂寞，这大概就是欧阳夏丹给年轻人的职场启示吧。

# 从叛逆少年到喜剧明星：卜宇鑫不是坏小孩

他曾经是个叛逆少年，因为打架逼得母亲向他下跪；他曾经是狂傲不羁的富二代，开着路虎去参加排练；他也曾是找不到工作的可怜虫，处处碰壁看人脸色。如今，他是一名优秀的喜剧演员，因为演绎健身房的故事，惹得观众爆笑，在《我为喜剧狂》选秀节目中获得全国第二名的好成绩。他叫卜宇鑫，一个阳光帅气的青年。

## （一）叛逆少年，逼得母亲向他下跪

卜宇鑫有一个不幸的童年。6岁时，父母离异了，父亲离家而去，把幼小的他丢给了母亲。母亲可怜孩子从小缺少父爱，因此对他倍加溺爱，把生活的重心都放在他的身上，拒绝了很多属于自己的幸福机会。

他并不领情，叛逆的他，和妈妈交流起来有代沟。他练过跆拳道，为了朋友讲义气，是学校里出名的"单挑王"。别的孩子叛逆一年就折腾得家里天翻地覆，而他一叛逆就是 4 年。初中 3 年换了 6 所学校，平均半年转一次学。打群架，骂老师，一次次被开除。妈妈和老师说尽好话，赔尽笑脸，求人，鞠躬，就为了让老师给他一次机会，但都遭到了拒绝。妈妈为他操碎了心，身心劳累。

初三没上完，他又因为打架被勒令退学。妈妈不让他出门，让他在家好好反省。他在家里待不住，一接到狐朋狗友的电话，就拿着一根棍子要出去，说要为受人欺负的朋友出头。妈妈拦着死活不让他出门。他像疯了一样，把家里的电视、花瓶、茶几都砸了。妈妈拦在防盗门前，他从妈妈拦他的空隙中一脚踹向向外开的防盗门，锁头当场坏掉。他狠劲推开妈妈，妈妈摔倒在地上。他刚要出门，妈妈却给他跪下了，求他别出去打架惹事。当妈妈膝盖着地的瞬间，他的心碎了。他把妈妈扶起来，搀回房间，自己在卧室外跪了很久，发誓再也不惹妈妈生气了。过了很久，妈妈的哭声终于小了很多。

此后，他老实了很多，把自己关在房间里看书，把家里所有的书看了两遍。这时候的他明白了，自己再也不能混日子了，必须做点什么。有一天在饭桌上，他忽然向妈妈开口，说还想上学，想上艺校。妈妈问他，能坚持下来吗？不后悔？他说，这是他真正喜欢的，绝不后悔。就这样，妈妈把他送进了艺术学校。

## （二）独闯上海，吃了半年的蛋炒饭

心静下来之后，他开始认真地学习表演，逐渐成为班里优秀的学生，经常受到老师的表扬，这让他越来越自信。几年下来，身边的同学都上了大学，他也想上大学。2008 年，他买了一张硬座火车票，一个人，坐了一天一夜的火车，从呼和浩特到了上海，去上海戏剧学院参加为期半年的培训。

下了火车，他对出租车司机说，要在上海戏剧学院旁边找个地方住。来的时候，妈妈并没有给他多少钱。结果的哥把他拉到了希尔顿大酒店。门童热情地把他的行李接过去，他懵懂地跟着门童，看到了一个童话里才有的宫殿。到前台一问价格，一晚上要花费 1860 元。他倒吸一口冷气，拎着包就跑了出来。这种地方，不是他能住得起的。

他走了很远，才在一个弄堂里找到一个半地下的房间，不到 10 平方米，168 元一晚。他想，只要能容身就行了。相比希尔顿大酒店，这才是他该住的地方。安排好住处，他出来找饭吃，见到很多卖私房菜的，每一样菜品都不错，可一看价格，他只好灰溜溜地走了。最后他在一家拉面店里坐下来，要了一碗拉面和一瓶果汁。在他印象中，一碗面不过几元钱。可是一算账，他傻眼了，一顿饭就花了 56 元，太贵了。此后在上海的几个月的时间里，他一直就吃一样东西：蛋炒饭，因为便宜。吃了半年，吃得自己好像要肿起来了。

一个懵懂少年，一个人离家闯上海，这段经历让他刻骨铭心。他知道了生活的艰难，见到了人情的冷暖。他知道，要好好学，不能对不起每一天的房钱和饭钱。

于是，在培训的日子里，他学什么都非常认真。比如说健身这件事，半年里，他跑了300公里，用坏两个瑜伽垫，平均一周健身3到7次，每次1到3个小时，每次2到4种不同的运动。中午带一个苹果去健身房，从来没有懈怠过，也从来没有中断过。健身是一条"贼船"，上去了就下不来了。虽然这段日子很苦，但他很感激。正是因为有健身的实际体验，才有了他以后的喜剧小品《健身房》。

### （三）轻狂富二代，开着路虎去排练

后来，他终于如愿以偿，考上了北京的一所大学。因为渐渐长大，变得能够理解爸爸当初的选择，所以和爸爸的关系也有所缓和。为了弥补对孩子的亏欠，爸爸在北京给他买了房子买了车。一下子从一个穷小子变成富二代，他不太会应对自己身份的转变，于是轻狂起来。开着路虎去参加排练，价值100万的车，每个月的油

钱就是 3000 元。而话剧的排练费一场在 100 元左右。导演问："这是谁的车？"他得意地回答："这是我的车。"他还张狂地问同学："你怎么来的？"人家说是坐地铁来的。他又问："为什么不开车来？"人家给了他一个白眼离开了。在班内，他是个令人讨厌的家伙。但他自认为自己是优秀的，自信心严重爆棚。

毕业后，本来以为生活会一帆风顺，事实却恰恰相反，他一直找不到工作，处处碰壁。一年中，他不停地在面试，不停地被拒绝。面试了将近 100 个话剧、儿童剧、甚至企业话剧的影视公司，没有一个成功。他听到最好听的话是："你还需要一些历练，如果过几年你还当演员的话，我们还有合作的机会。"他听到最难听的话是："你哪个学校毕业的？建议你回炉重造。"他很纳闷儿，如此优秀的自己，怎么就找不到工作？怎么就这么被人看不起？看门的老大爷一直在撵他出来，说要关门了。那一晚，他躺在被窝里，不争气地哭了，严重怀疑自己是否有表演天分。

此后，他不再去参加表演的面试，决定另辟蹊径。老天爷给了一张嘴，总是要吃饭的。他去找汽车销售、房产中介之类的工作，结果都成功了。在填单子的时候，他自嘲地这样介绍自己："我是一个来自内蒙古大草原的靠谱文艺小青年。"结果主管竖起了大拇指："小伙子不错啊，很有文才。"他差点喷饭，一个不被专业领域认可的青年，怎么到这儿就成了有文才了？主管介绍说："干我们这行的，就是要有亲和力，会微笑。"从此，他跟着同事，一个小区一个小区地跑，见了谁都谦和地微笑、点头、弯腰、鞠躬，在日复一日的磨炼中，他收敛了锋芒，成熟了，再也不年轻气盛了。

爸爸曾经想让他出国，但他不想认输，也不想依靠爸爸的关系。他要试试，自己能否养活自己。后来，等他挣了些钱，能够解决温饱问题的时候，他的梦想又再次被点燃了。

他还是想干表演，这是自己的最爱。他认真地反思一件事，为什么在自认为的长项领域里别人都不认可自己，而在别的行业能够得到大家认可？他突然想明白了，是自己的态度有问题。人要摆正自己的位置，正确地看待自己。于是，他又杀回了表演界。每到一个剧组，他都很谦虚地请教前辈，认真琢磨角色，反复背台词，研究怎么表演。大家都很喜欢这个小伙子。后来，他又喜欢上了喜剧，和几个志同道合的人组建了一个团队，把别人的笑声作为对自己最大的奖赏。做喜剧，他是认真的。

后来，他参加了湖北电视台《我为喜剧狂》的选秀节目，在舞台上，他的表演幽默睿智，让人笑声不断，深受大家喜爱。小品《健身房》中的富二代肌肉男，更是惹得观众爆笑，还得到三位导师的一致肯定。郭德纲称赞他："我觉得节奏感非常好，为什么观众会笑？因为节奏对了。"

能在《我为喜剧狂》这种大型喜剧选秀节目中荣获第二名的好

成绩，在一定程度上可以说，他成功了。各家媒体记者蜂拥而至，都想对他做一个专访。面对记者的镜头，他坦然说出自己的心声。他说："我不是坏小孩，我最大的梦想是，希望妈妈在人前人后，可以骄傲地说，我的儿子叫卜宇鑫，是一名优秀的喜剧演员。"

## 斯库林：战胜菲尔普斯的奥运冠军

2016 年 8 月 13 日，里约奥运会男子 100 米蝶泳决赛，新加坡选手斯库林以 50 秒 39 的成绩战胜菲尔普斯，为新加坡摘得奥运历史首金，也是亚洲男子首个世界大赛该项目金牌获得者。一时间，斯库林震惊了世界。

1995 年，斯库林出生在新加坡，是一个欧亚混血儿。从小，他就对游泳有着特别的兴趣，他的偶像就是菲尔普斯。菲尔普斯这位号称"飞鱼"的美国游泳选手，已经成为一个传奇——奥运历史上获得金牌数及总奖牌数最多的运动员。斯库林的房间贴满了菲尔普斯的照片。电视上，只要有菲尔普斯的比赛，他绝对不会错过。睡觉时，他还梦到菲尔普斯含笑向自己走来。他想，如果能见到菲尔普斯一面，那真是太好了。

命运有时会眷顾执着的人。2008 年，菲尔普斯为了备战北京奥运前往新加坡培训，斯库林当时也在泳池。那一年，他 13 岁。他不敢相信偶像就在身边，以至于激动得心怦怦乱跳。斯库林壮着胆走上前去，怯怯地说："你好，迈克尔，能合个影吗？我叫斯库林，我很喜欢你！"菲尔普斯欣然应允，两人拍下了一张照片。

就在他们见面后不久的北京奥运会上，菲尔普斯狂揽 8 金，不断刷新纪录。看到偶像的传奇表现，斯库林下定决心，也要成为像菲尔普斯一样厉害的奥运冠军。当他把这个梦想讲给同学们听时，大家都笑他异想天开：别说在新加坡，就是整个亚洲，至今也找不到一个像菲尔普斯那样的人。你凭什么？

嘲笑让斯库林沮丧，也让他看清了一个现实。的确，新加坡的竞技氛围不够。要想提高成绩，必须到水平更高的地方锻炼。14 岁，他离开了温暖的家，去了美国得克萨斯大学奥斯汀分校，那是一所以游泳闻名的学校。小小少年，开始追寻许多人并不看好的梦想。

骤然来到一个陌生的国度，生活上很不习惯，无边的孤独和寂寞，让他在深夜暗自哭泣。但一想到菲尔普斯，想到自己的梦想，他就有了坚持的勇气。在这所学校里，他接受了非常正规且残酷的训练，为此，他吃了很多苦。一个动作不到位，就强迫自己反复练，直到满意为止。周末，别的同学都去旅行了，他还泡在泳池里继续发力。有一次，因为游的时间过长，腿抽筋了，疼得他龇牙咧嘴。但情况稍有好转，他又继续训练。同学们认为他太疯狂了，只有他自己知道，为了离菲尔普斯更近，他愿意努力让自己变得更强。

慢慢地，斯库林游出了知名度。2011 年，在东南亚运动会上赢得 2 金，且取得 2012 年伦敦奥运会参赛资格。第一次参加奥运会，斯库林备感兴奋和压力，因为他距离自己的梦想越来越近。遗憾的是，因为缺乏经验和后勤保障，他竟然因为护目镜和泳帽不合格，而无缘 100 米和 200 米蝶泳半决赛。

这是一次打击，更是一次提醒。不服输的斯库林准备来年再战。在此次奥运会上，他再一次见到了偶像菲尔普斯，他还是那么帅，那么棒。"一定要成为像偶像一样的冠军，追赶，进步，超越。"他再一次对自己说。

2016 年，他终于来到里约，第一次要和偶像菲尔普斯开战。100 米蝶泳，是菲尔普斯最引以为豪的金牌垄断项目。而这次决赛，也是菲尔普斯职业生涯的收官之战。斯库林并不敢奢望夺金，他只想站在偶像的身边，好好表现。

激烈的比赛一开始，斯库林就排在第一。50 米时斯库林用时 23 秒 64，菲尔普斯未进前三。后程争夺开始，斯库林依然排在第一，表现生猛，跟其他选手都拉开了一段距离。菲尔普斯加速冲击，虽然赶到前列，但离斯库林还有段距离，此时勒克洛斯和切赫也追了上来。冲刺到边，斯库林以 50 秒 39 的成绩超过"飞鱼"菲尔普斯 0.02 秒获得冠军。

斯库林没有想到，自己竟然神奇地战胜了自己的偶像，并打破了由偶像创下的奥运纪录。菲尔普斯满脸笑容，再一次和斯库林站在一起合影留念。对菲尔普斯来说，金牌不是最重要的，重要的是战胜他的是一位受过他激励的少年。

　　斯库林击败"飞鱼"勇夺新加坡奥运历史首金，并获 536 万元人民币巨奖。新加坡总统陈庆炎与新加坡总理李显龙都在第一时间向他表示祝贺，新加坡成千上万的民众为他的胜利欢呼鼓掌。记者在采访斯库林时问他："如何才能战胜自己的偶像？"斯库林回答说："最好是作为一个有力的竞争对手站在他身边，而不是一个追星族。因为，战胜偶像才是对偶像最大的致敬。"

## 张梦雪：守住自己的冠军梦

2016 年，北京时间 8 月 7 日 22 时许，里约奥运会女子 10 米气手枪决赛拉开战幕。中国选手张梦雪打出最后一枪 9.2 环，最终以 199.4 环的总成绩锁定金牌，为中国军团"打破僵局"，成为中国体育代表团里约奥运会的第一个冠军。当她回首微笑时，不少人都在发问，这个无名小将张梦雪是谁？

张梦雪是首次参加奥运会的新人，在成为冠军之前没人注意到她。张梦雪出生于济南一个普通的职工家庭。从小她就是学霸，上初中以后，她的成绩一直是班级前 5 名。如果不出意外，她会完成家长的期望，上完高中，再考上一所理想的大学。

命运总是在偶然间被改写。初一那年，二十七中在长清举办了夏令营活动，其中有射击体验这个项目。张梦雪射击时，体校的老师看出了她在气手枪方面的天赋，极力想从二十七中挖走这个天才。但二十七中却不愿意放弃一个学习成绩优秀的学生，一场"争夺战"就此展开。犹豫不决的父母咨询张梦雪的意见，小小年纪的她坚定地拿定了主意："我喜欢气手枪，想走专业的道路。"

体校把张梦雪挖了过去。从此，爸爸风雨无阻，每天骑着自行车接送张梦雪上下学。过人的天赋，严格的训练，刚入校三个月，张梦雪就在一次重要比赛中获得第一名。两年后，她被省队看中。2014 年年底，她一举打进了国家队。2015 年世界杯总决赛，名将郭文珺没有杀进决赛，首次代表国家队出战的张梦雪挺身而出，拿到银牌，为中国队拿到了一张奥运会的入场券。

不过，出战奥运会的张梦雪，并没有得到多少人的关注。因为，除了取得里约参赛资格外，她没有什么突出成绩，也没有拿过世界冠军。而和她并肩作战的郭文珺，早就在 2008 年北京奥运会和 2012 年伦敦奥运会上连续两次将金牌收入囊中。她躲在郭文珺耀眼的光环背后，就像一棵无人注意的小草。

张梦雪没有压力，也没想那么多，对她来说，无人关注也许是一件好事。参赛之前，她根本不敢奢望夺冠，只要能打进前八就很开心了，走好这个过程，为自己的将来多做些积累。她的目标就是，做好自己比什么都重要。

射击项目具有极大的偶然性，新规则更是悬念丛生。资格赛中，两届冠军郭文珺四组仅打出 378 环，排名第三十位而被淘汰。张梦雪发挥还算正常，以 384 环排在第七位，涉险晋级决赛。虽然进了决赛，但并不是一个理想的成绩。张梦雪迅速调整心态，她知道，高手比拼，除了拼实力，还拼心理。

决赛场上，张梦雪告诉自己，除了专心做动作，什么也不去想。前三枪，张梦雪打得并不好，仅仅排在八位选手中的第七位，这样的开局，好像预示着她不会走得更远。然而，这并不意味着最终的结果。

她表现淡定，心无旁骛，随后两发进入淘汰赛轮，张梦雪找到正确节奏分别打出 10.2 环和 10.3 环。这时，张梦雪完全打开了，她的脸上只有平静和坚毅。最后一枪，面对站在身旁久经沙场的世界级名将，张梦雪不为所动，举枪、瞄准、射击……一枪一枪地按照自己的节奏去打。一环一环地打下去，一次一次地超越自己，也超越了对手。她持续不断地向同一个方向努力，虽然每一次都看似不起眼，然而，积累到最后，奇迹就诞生了。她，为中国队赢得首金！

无名小卒一飞冲天，为中国代表团获得了里约奥运会的首块金牌。前后强烈的反差引发了外界巨大的好奇心。当《义勇军进行曲》奏响在里约赛场时，总教练王义夫评价她说："实力、机遇加运气，这块金牌应该属于她。"面对记者的采访，张梦雪表示："我一直记得教练的一句话，可以干扰自己的只有自己，无论环境怎么变化，守住自己才是最重要的。"

是的，成功的因素很多，最关键的是守住自己。冷静、沉稳、淡定、专注、宠辱不惊，张梦雪的赢，赢在守住自己。

## 获得诺贝尔奖的"家庭主妇"

2013 年，82 岁的加拿大老人爱丽丝·门罗，一夜之间，她的名字就被全世界的人熟知。北京时间 2013 年 10 月 10 日晚，瑞典文学院正式公布爱丽丝·门罗获得诺贝尔文学奖，并将获得诺贝尔基金会提供的 800 万瑞典克朗的奖金。有趣的是，爱丽丝·门罗并不是第一个得知这个消息的人。那晚，她早已进入梦乡。当她被女儿从睡梦中叫醒，得知这一好消息之后，只是淡淡回应了一句："我知道有赢的希望，但没想到会得奖。"

爱丽丝·门罗获得诺贝尔文学奖的消息，让她成为各家媒体追逐的焦点。面对记者，老人幽默地说："你们只关心我获得诺贝尔文学奖，为何不问问我是不是一个好的家庭主妇？"在她心里，自己从来不是一个"正经"的知识分子，不过是个普通的家庭妇女而已。在漫长的时光长河里，她结过两次婚，有四个女儿，烦琐的家务让她操劳不已。但是，就像每天坚持散步一样，她从来没有停止过写作。

1931 年，爱丽丝·门罗出生在加拿大的安大略省，父亲从事狐狸养殖工作，这并不是什么体面的工作，母亲是位教师，薪资很微薄。贫穷的家庭将她排斥在伙伴们的视野之外，在自卑和孤独之中，她爱上了写作，只有在文字当中，她才能找到温暖。十几岁时，她已经开始认真写东西了，并经常得到父亲的鼓励。

她没有上完大学，大二的时候就辍学了。但在大学期间，她努力赚钱，拼命读书，当过餐厅服务员、烟草采摘工和图书馆管理员。当其他同学沉迷在舞会和谈情说爱中时，她却把全部业余时间交给了图书馆。图书馆那张靠窗的桌子上，每天能见到她伏案读书和写作的身影。1950 年，她发表了第一篇作品《影子的维度》。

1951 年，辍学之后的爱丽丝·门罗嫁给了大她两岁的詹姆斯·门罗，走进婚姻的围城里，安心当起了家庭主妇。在温哥华的日子里，女儿们接连降生，她享受着一次次当母亲的喜悦。1963 年，他们搬家到了一个偏远的地方：维多利亚，在那里度过了 10 年美好的时光。丈夫经营一家小书店，她有时会到书店帮忙，有时在家做家务。孩子们的降生，并没有影响她的写作，反而激发了她创作的紧迫感，因而她更加用功。

结婚第二年，她有了第一个女儿。得知自己怀孕之后，她是多么的恐慌。她正想把自己毫无保留地奉献给写作，因此对当母亲还毫无思想准备。那时，她的妊娠反应特别厉害，几乎什么都吃不下，吃了就吐，这让她的身体消瘦，衰弱无力。丈夫劝她好好休息，暂时中止写作，因为和孩子相比，那不过是一个兴趣而已。她听不进去，坚持每天趴在桌子上像疯了一样地去写作。她觉得有了孩子，就再也不能写作了，所以要赶在孩子降生之前完成大部分作品。丈夫拗不过她，只好随她去。

在维多利亚的十年里，她承担着繁重的家务劳动，但创作力依然非常旺盛。她要照顾四个孩子，还要每周抽出两天时间在书店帮忙。即使如此，她仍然能挤出时间写作。上午她会写到家里人回家吃午饭，孩子们午睡时，她仍然继续写作。下午两点半，她很快喝上一杯咖啡，开始做家务，争取在晚饭前把事情做完。深夜，是她写作的最佳时段。有一次灵感突至，她不能停笔，一直写到凌晨 2 点，然后早晨 6 点起床后，她头痛欲裂。她突然害怕自己可能要死了，自己可能会心脏病发作。那一年，她 39 岁。没人明白，那种绝望，绝望的竞赛，和时间竞赛，她想做一个胜利者，唯一的办法就是不知疲倦地写作，永远有激情和信念。1968年，爱丽丝·门罗出版的第一部小说集《快乐影子舞》获得人们的高度赞誉，一举赢得了当年的加拿大总督奖——加拿大最高文学奖项。

爱丽丝·门罗数十年来一直保持着旺盛的创作力，笔耕不辍，迄今为止已出版 14 部作品，包括 13 部短篇小说集和 1 部类似故事集的长篇小说，多以女性为中心，聚焦于加拿大普通小镇的生活，探索普通女性复杂的心理与情感世界，在冷静、精心的叙事中，给读者带来心灵的震撼。

2009 年，爱丽丝·门罗已经 80 岁了，她还保持着良好的写作习惯，每天早上都写，一般从早上 8 点钟开始，上午 11 点左右结束。剩下的时间就做做家务。她每天对自己的写作页数有严格要求，强迫自己完成。有时候用五个月左右的时间完成了一个故事，来不及休息，她几乎是马上就开始下一个故事的写作。一想到有一天自己会老到再也写不动了，她就惊慌不已。因为她脑子里储存了一堆故事，一定要写出来！

持续了一生的写作终于见到成效，2013 年 10 月 10 日，她获得了诺贝尔文学奖，诺贝尔文学院对她的颁奖词是"当代短篇小说大师"，她是全世界获此殊荣的第 13 位女性，加拿大唯一的获奖女作家。晚熟的果子格外香甜，她的短篇小说真实、自然、亲切、温暖，就像一本母系的《圣经》，俘虏了全世界读者的心。

《老人与海》中的老渔夫，经验丰富，在海上拿着钓竿抛下鱼饵，漂流了几十个昼夜，终于捕捉到大鱼。当他抛出钓竿之后，水面以下，属于命运，水面以上，属于意志。因为不知道什么时候鱼会上钩，所以他要做的是端坐于船尾，昼夜守候，虽然极其疲劳辛苦，但他绝不终止。

　　一个人的一生，或许会为很多目标努力，而她的目标只有一个：文学。终其一生，她一直牢记这个使命，坚强的意志使她获得成功。

## 唐家三少：我愿意热爱整个世界

　　坐在北京四月的阳光里，唐家三少一脸平静，他正在接受《人物》杂志的专访。

　　在网络文学界，唐家三少绝对是一个传奇。他曾连续 4 年排在中国网络作家富豪榜的第一位，5 年收入 3300 万元，2015 年版税收入过亿。很多人只注意到唐家三少辉煌的成功，却不了解他一路走来的艰辛。

　　唐家三少本名张威，生于 1981 年，从小就喜欢读书和写作。大学毕业后，他到央视网打工，一个月工资不到 3000 元。后来，他跳槽到一家 IT 公司，工资涨到每月 4000 元，他很满意。然而没过多久，他又不幸被裁员。为了生活，他尝试过各种工作，开过餐馆，干过零售，卖过汽车装饰，结果全部失败了。

　　工作中的不如意没有让他消沉，他的内心强大无比。过完 23 岁生日后，他就做出了一个改变自己一生的决定：拒绝上班，要专职在家写网络小说。他知道，只有写作可以让他找到自己。在朋友们异样的眼光下，他按动键盘，开始创造属于自己的内心世界。

　　很快，他的第一部作品《光之子》在网络文学网站幻剑书盟进行连载，没想到这部作品一炮而红了。点击率飞速增长，长期名列榜单第一名，这给了唐家三少特别的成就感和动力，从此，他像一个写作机器。那一年他写了 400 万字，在网络上带起了"日更"的风气。一炮而红给他带来的报酬，让他还清了房贷，还买了新车。

网络作家是个庞大的队伍，每个人都有取悦读者的法宝。有的以搞笑取胜，有的以文笔取胜。唐家三少的小说虽说热血，但亮点并不突出，但他有自己的优势，就是绝不断更。他把目光瞄准了新晋读者，而搞定他们的方式就是以量和快取胜。唐家三少要求自己，要让读者每天都能看到自己文章的更新，就像早上起床后必喝的那杯水，喝不到就别扭。

为了这个目标，唐家三少勤奋得近乎拼命。

他的网络小说每天更新 8000~10000 字，从未间断。有一年他甚至敲坏了 5 个键盘。他严格地规划并执行自己制定的日程表，一般上午写一个小时，下午写一个小时，晚上写一个小时。写作时，拉上书房的窗帘，戴上隔音耳机，雷打不动地完成更新。每 30 分钟休息 10 分钟，就像上 4 节课一样，中间休息 3 次。这样的写作习惯唐家三少坚持了多年。

十几年来，唐家三少一共写了 13 本书，总字数 3402 多万字。每天更新持续 86 个月，共 2580 天。长期伏案工作，对他的身体有了一定的损害。脖子扭动角度不能超过 10 度，腰只能长时间保持僵硬状态，拍照时摄影师让他再弯一点，他笑着对摄影师说："动不了了。"

唐家三少没有时间去看医生，他尽量忍受并习惯这种痛苦，每一天都在坚持写作。结婚当晚，他在更新《生肖守护神》；女儿出生时，妻子在病房待产，他在一张破旧的写字台上，写着《斗罗大陆》；30 岁生日，他高烧 40 摄氏度，一个人躺在阁楼上出现了幻觉。8 小时后退烧，喝杯水，将笔记本电脑隔着被子放在大腿上，写着《天珠变》。他始终处于领跑的地位，一直很努力，从来没有懈怠过。

从平凡人物到怪咖首富的大逆袭，让唐家三少成为很多年轻人崇拜的偶像。记者采访他的时候，问他成功的因素是不是因为勤奋和坚持，唐家三少想了想，给出了一个不一样的回答："勤奋和坚持只是表象，能走到这一步，归根结底还是因为对这个世界的热爱。因为只有真的热爱，才会勤奋和坚持。写作对于我来说，并不只是一个职业，还渗透到我的生命和血液中。"

# 麦家：每个人都是孤独的囚徒

海明威说，辛酸的童年是一个作家最好的历练。

但对他而言，这个历练他宁可不要。

从小，他就是一个孤独的孩子。在那个特殊的年代里，他恨自己不好的出身。父亲是右派，外公是地主，祖父是基督徒，这让同学们看不起他，给他起各种难听的外号，连老师也公开羞辱他。没有人愿意跟他玩，跟他说话，他只好对着镜子自言自语。

9岁时，他自杀过一次，因为无法承受这种被人瞧不起、被人抛弃的感觉。他站在一个坎上，准备触摸抽水机的电闸闸门。幸运的是，他从坎上掉了下去，捡回了一条命。12岁时，他在学校跟同学打架，三个人打他一个，把他打得鼻青脸肿。父亲提着一根毛竹抬杠匆匆赶来，他以为父亲是来替他报仇的，不料父亲当着同学的面狠狠扇了他两个大耳光，把他已经受伤的鼻梁都打歪了，鼻血喷溅出来……

最亲的人都如此狠心，他彻底绝望了。从此，他更加孤僻，不爱出门，不爱出声。在家里，像把笤帚一样任人使唤，无声无息，出了门，像只流浪狗一样，缩着身子，耷拉着脑袋，贴着墙边走。

他把自己完全封闭了起来，天天写日记，日记成了他仅有的朋友。他把心里的痛和恨，全部发泄在了文字里，一写就是 11 年。

高考那年，他终于考上一所军校，逃离了令他备受伤害的故乡。毕业后，他被分到某情报机构工作。因为肩负着特殊的使命，所以有一些特殊的纪律约束。他孤独地在这里工作了一段时间。后来，凭着对文学的深刻见解，考上了解放军艺术学院。这段隐秘的经历，为他以后的创作积累了宝贵的素材。

毕业前夕，大部分同学都在为即将离校而忙碌，他却安静地坐下来，准备写一部长篇小说《解密》。这种不合时宜的举动，暗示他将为《解密》付出更多的时间和心力。他怎么也没想到，一部小说的写作时间最终要用"11 年"来计算。

他投入到了孤独的创作当中，几乎把自己与世人隔绝开来。他拼命地写，累到无法承受才休息一会儿。平均每天能写十几个小时，睡觉的时间很少。半个月，最长一个月，就要生一次病。休息三五天，缓一缓，再接着写。写作是特别熬人的，有时候脑子太兴奋，睡不着，就只好吃安眠药。就这样，他在文学的领地孤独地跋涉着。

这部小说写得很不顺，因为破译员这个题材太敏感，处处受限制，戴着镣铐跳舞很难。另外，写这种人物的小说，无论中国还是外国，以前都没有过，一切从零开始。这一写，《解密》写了 11

年。他面临着双重考验，既要去打动那些文学编辑，又要经得起出版单位的审查。不断修改，放弃，坚持，重新开始，他在孤独中备受折磨。小说虽然只有 21 万字，他却为此写了 120 多万字。他将青春和成长都交给了它，这艰苦卓绝的写作。

他一次次满怀信心地把稿子投出去，又一次次遭遇无情的退回。有些编辑，宁可相信名人的烂稿，也不相信无名之辈的呕心沥血之作。11 年里，他经历了从解放军到武警，从转业军人到国家干部，再到有职无业的闲人等几重身份的变换。恋爱、结婚、生子、贫穷、病痛，但他从来没有放弃过这部小说。因为它在他心中长得太深，已无法将它连根拔起。出版社的 17 次退稿，每一次都是对他自信心的严重打击。每一次退稿都像被抛弃了一次，这种折磨磨砺了他，也成就了他。

最终，他的这部小说《解密》出版了，英文版入选了"企鹅经典"丛书，短短两个月时间，就卖出了 29 个国家的版权。他就是著名作家麦家，第七届茅盾文学奖获得者，号称中国的"谍战之父"。

每个人都是孤独的囚徒。有的人走了一辈子也没有走出孤独的圆圈，因为他不知道，圆上的每一个点都有一条腾飞的切线。每个成功的人的背后都有过孤独，但最后都把孤独化成了成就自己的力量。

# 田埂上的芭蕾

　　乡间小道上，一群女孩在跳芭蕾。她们盘着高高的发髻，身材挺拔。时而小跳，时而旋转，宛如石桥下的柔波，又像纷飞的雪花。这不是在拍电视剧，而是白洋淀边一幕真实的场景。这些跳芭蕾的女孩是端村芭蕾舞团的演员，教她们舞蹈的老师名叫关於。

　　关於，北京舞蹈学院芭蕾舞系教师，在舞蹈界大名鼎鼎，平时想请他教跳舞，往往是花钱也请不来的。两年前，受一个艺术基金会的邀请，关於到端村演出。当他在台上翩翩起舞的时候，台下的小女孩在拼命地鼓掌，眼神中流露出无比的渴望。那一刻，关於突然有了一个想法，他要来这里教孩子们跳芭蕾，让农村孩子也能接受艺术教育。

　　"什么？到农村教芭蕾，这不是异想天开吗？""农村到处堆放着垃圾，校园里没有像样的练功房，那些孩子蓬头垢面，怯于表达。这样的条件适合跳芭蕾吗？"朋友们为他担心。的确，芭蕾源于欧洲宫廷，从诞生之日起就是贵族舞蹈，对舞者的身体条件、气质要求极为严苛。农村各方面条件不太适合教芭蕾。但关於不想服输，他要让大家看看，农村孩子也能享受高雅艺术。

　　初到端村，关於面临的第一个困难是说服家长。农村人文化水平普遍不高，你和他们谈艺术无疑是徒劳。关於找到一个通俗的方式和他们沟通："我来教你们的女儿学芭蕾。她们会变得漂亮、有气质，长大了容易嫁出去！"迷茫的家长终于恍然大悟了："哦，那就教吧！"

　　此后的两年里，每周日早上不到7点，关於就驱车前往端村上4个小时的课程，再花4个小时返回北京，不管刮风下雨，从不间断。有一次大雾天气，眼前白茫茫一片，车绕了5个多小时还没到端村。司机有点为难："等咱到了都该走了，还去吗？"关於说："去！哪怕我到了以后扭头就走，也要去，孩子们在等我。"果然，到了学校，孩子们都在校门口盼着，一看到老师，就扑了上来。

　　面对零基础的孩子，关於没有降低标准，他用法语的芭蕾术语表达每一个动作，坚持教授"纯正的芭蕾"。他从最基本的教起，告诉女孩们，进练功房要脱鞋、码齐；头发不能随意散着，必须用发包盘稳，以免甩到舞伴眼睛里。他还花了两节课的时间，手把手教家长给孩子梳发髻。为了不给他们带来经济负担，舞蹈需要的饰品、道具，关於常常自掏腰包给孩子们购买。

　　上课的时候，关於经常双膝或者单膝跪地，用这种姿势和孩子交流。他希望用这种目光上的平等，让农村孩子感受到尊重，感受到舞步里跳跃出来的现代文明。有时候，关於会把孩子们带出教室，让她们在自然环境中感受艺术的美。

孩子们喜欢关於，崇拜关於，她们用刻苦、努力、用功来回报老师。第一年冬天，教室里没有暖气，冻得人骨头都疼。孩子们一进教室就迅速脱下鞋和外套，只穿薄薄的纱裙。关於让孩子们回去练习，她们丝毫不敢懈怠，课间练，放假也练。家长把她们在家一边劈叉一边写作业的照片发给关於，关於感动坏了。

不到一年，关於班上的 32 个学生，个个都能在足尖鞋上立起来。有人问她们为什么这么努力，孩子们的答案是，害怕关於老师有一天会离开。这些孩子大多是留守儿童，她们早已经把关於当成了亲人。一开始，关於想的都是技术范畴的事，怎么把舞蹈教好，渐渐地，他试着带给孩子们更多的爱和更多的帮助。

一年级有个小女孩，晚上有时会尿床，没人及时给她换洗，身上常有异味，同学们笑话她，疏远她。关於知道她父母常年不在身边的情况后，就经常当众表扬她、拥抱她，让她觉得自己是受关注和被人喜欢的人。关於还请北京一所医院的护士长组织医生护士到端村来，专门给留在村里的父母、老人讲了一堂生理卫生课。

通过学习芭蕾，这些女孩子变了，变得美丽、乐观、自信。关於组织了一个农村芭蕾舞团，开始在各地演出。他给自己的芭蕾舞团起了个名字，叫"田埂芭蕾"。舞台上的"小天鹅"们很美，举手、抬头、跳跃、转动，体态优雅，如诗如画，根本不像农村的丫头。

　　曾有记者采访关於，为何一直钟情做"田埂芭蕾"？关於说："被需要是一种幸福，就是这种理念让我坚定了信心。"

第四辑

成功不问起点，
小人物也能有大作为

责任和担当，是决定人生价值最重要的砝码。

一棵小草会向往阳光，一粒石子也会渴望成路。

哪怕身在最低的起点，只要你有梦想，有信念，有勇气，有坚持，

同时，管住浮躁的心，拒绝诱惑，你也可以穿透黑夜，让生命飞扬。

## 拯救太平洋的"90 后"

2015 年夏天，北太平洋上出现了 30 艘航船，它们自西向东一字排开，已经行驶了一个月。每一艘船的船尾都系有用来收集海水中的塑料碎片、测量塑料污染程度的拖网，船员们还使用 GPS 定位系统和一项专门设计的手机观测应用来记录塑料出现的情况。这是人类历史上规模最大的一次海洋环境考察，人称"大远征"，观测范围覆盖 350 万平方公里。让人惊讶的是，统领这场考察行动的竟然是一名年仅 21 岁的"90 后"——来自荷兰的博彦·斯拉特。

博彦·斯拉特出生于 1994 年，是一名学习工程学的大学生。2011 年暑假，他在希腊潜水，在浅海看到的垃圾比鱼都多。他愤怒了，我们就不能想办法把它们清理掉吗？当他查阅了相关资料后，才发现问题并不简单。在过去的三四十年里，全球每年生产塑料近 3 亿吨，其中约有 10% 流入大海。这些塑料会向海水持续释放有害化学物质，伤害了海洋生物，也污染了大海的环境，最终可能毒害到人类本身。传统的海洋垃圾处理方式基本等同于乘船出海捕鱼，由于塑料垃圾会随着环流的推进漂流旋转，捕捞难度增大。据称，要清理臭名昭著的"太平洋垃圾带"，大约需要 7.9 万年。

有没有更好的办法来清理海洋垃圾呢？执拗的斯拉特每天都在想这个问题。有一次，他去亚速群岛潜水，感受着水流的力量，突然灵光一闪，"既然水流可以朝你而来，又何必辛苦追逐它？"一个构想迅速产生了，能不能根据洋流的走向设计一个"坐享其成"的收集设备呢？设备由飘浮清洁回收船和两侧的围栅组成，构成"V"形，开口迎向洋流。海面的塑料被围栅截下之后，将顺着海水流动聚集到位于清洁回收船两侧的收集口，并被储存在船体内部。回收船顶部装有太阳能电池板，是支持整个系统运行的能量源。浮游生物和鱼类可以随着水流从围栅的下方通过。既降低运营费用，又可以将回收的塑料转换为石油或新材料，这是一举两得的好事啊。

2012年，斯拉特站在 TED 演讲台上，第一次向公众介绍自己"拯救海洋"的想法。他把这个"被动式清理系统"的理念带上TED 的讲台，寻求更多人的信任、支持和资助。结果，很多人觉得他的想法可笑。他们说："那可是一条很长的路，还是交给我们的子孙后代去考虑吧。"可是，斯拉特不是个半途而废的人，他要为自己的梦想坚持到底。2013年2月，他成立了"海洋清洁项目"，并暂时休学，全身心投入。他的全部经费只有自己攒下的 200 欧元零花钱。为了得到赞助，他曾经一天联系 300 家公司，只有一家给了回复——拒绝。

斯拉特身心疲惫，但他不想放弃。一个多月后，事情出现了转机。斯拉特的 TED 视频突然在网络上火了起来，支持者邮件不断。他很快就组建起一支 100 多人的跨国团队，还得到了十多家科研机构的合作支持。15 天内，他募集到 8 万美元。有了这些助力，"海洋清洁项目"像上了发条一样运作起来。斯拉特每天工作 15 个小时，跟团队跑到北太平洋垃圾带里做实验，经历了每小时 25~30 海里的大风和高达 3 米的海浪的考验。一年多的劳动成果是一份长达530 页的可行性研究报告，涉及工程、海洋、生态、海事法律、财务等各个领域。

随着一个个技术难点的突破，梦想成为现实似乎指日可待。然而，质疑的声音从来没有停止。比如，普利茅斯大学教授理查德·汤普森就认为："应该优先考虑的是从源头上解决问题，设法阻止塑料废弃物进入海洋，而斯拉特将精力集中于如何将塑料废弃物从海里清理出去的策略有些愚蠢。"这个"拖把理论"让斯拉特很恼火，但他忙于工作，没有时间理会。

2014 年 11 月，斯拉特被联合国环境规划署授予最高环境荣誉"地球卫士奖"。因为，这个年轻的小伙子，正站在全世界对抗海洋污染的最前线。谈到未来，斯拉特对记者说起自己更为宏大的"10年计划"，清除北太平洋环流带中 42% 的塑料垃圾，"大远征"只是准备过程中的一部分。

青年时期的担当，是整个人生价值的重要砝码。小小年纪，就勇敢担负起拯救太平洋的重任，这自我赋予的责任，让斯拉特的青春与众不同，绚烂美丽。

# 划自己的船最幸福

　　他没有上过专业的音乐学院，却能写出下载量超千万的当红歌曲。他在词坛几乎拥有和方文山一样的地位，却始终不愿意离开家乡贵州，这一片神奇的土地。这个奇怪的人就是张超，著名音乐制作人，一位清瘦的"80后"小伙子。

　　众所周知，张超在音乐上取得过不俗的成绩，作为凤凰传奇组合的御用词人，他创作的歌曲《自由飞翔》创造了7000万彩铃的神话，《最炫民族风》获得2009年内地唱片销量榜冠军，《天蓝蓝》《全是爱》《奢香夫人》等歌曲参加中央电视台春节联欢晚会、中秋晚会以及数期"欢乐中国行"等大型演出活动。他的作品在国内流行音乐市场极具前瞻性。在生活中，张超是个奇怪的人，他活在自己的世界里，按照自己的方式做事，特立独行。也许正因为如此，才成就了他今天在音乐道路上的传奇。

　　张超，出生在黔东南一个叫"三棵树"的地方，那里山美水美，如同世外桃源，熏陶出张超的一个敏感细腻的心灵。自小喝着米酒，听着山歌长大的张超，对民族音乐怀有特殊的感情。在童年时期，他就有了自己的梦想，希望将来民族风格的歌曲能被广泛传唱。那一刻，他开始为这个梦想而活。

2003 年，张超从贵州师范学校毕业了，成了一名光荣的人民教师。这个职业虽然稳定，但和他的梦想相距甚远，半年后，他不顾父母的强烈反对辞职了，成了一名自由职业者。这时候他的梦想逐渐清晰起来，就是加入民族元素来创作流行歌曲，他相信这样的歌曲一定爆红。他想创作歌曲，可连一套像样的音乐创作的设备也没有，他打听过，买一套这样的设备需要 3 万元，他连一份稳定的工作都没有，哪来的 3 万元？为了梦想，张超豁出去了，开始疯狂地打工。餐厅服务员、车间装配工，等等，脏活儿、累活儿，什么活儿他都干，只要能挣到钱。听说爬电线杆架线挣钱多，有恐高症的他咬着牙爬上了电线杆。在他心里，音乐是天大的事，他要为这个理想活着。

那一年他过得很艰难，买了音乐创作的设备，他开始在家埋头写歌，然后四处投稿。他怀着美好的憧憬把创作的几十首歌曲一一投了出去，可一段时间后，作品又被原样退回，没有一家音乐公司愿意采用他的作品。张超郁闷至极，难道自己真的不适合做音乐？难道所有的努力都要白费？迷茫的时候，他经常借酒买醉，但每一次他又会把自己骂醒。他对自己说，必须走下去，给自己两年的时间，一定会看到曙光。

功夫不负有心人，2005 年他和一家音乐公司签约，2006 年开始为凤凰传奇写歌，后逐渐成为凤凰传奇的专用词人。2007 年，他的歌曲《自由飞翔》一经推出，就被凤凰传奇唱红大江南北。随后，2009 年的《最炫民族风》，2010 年的《荷塘月色》等歌曲迅速传遍了国内的大街小巷，甚至传到了美国职业篮球联赛的赛场上。凤凰传奇火了，张超火了，他再也不是一个在网络上寻求机会的年轻人，他成了著名的音乐制作人。

伴随赞扬而来的是质疑，有人说他的歌曲是口水歌，是垃圾，太低俗。身边的朋友为张超担心，劝他考虑改变一下创作风格。张超却摇摇头拒绝了。他说："我不管别人怎么看，只要我创作的歌曲人们喜欢听，喜欢唱，就足够了。"加入民族元素来创作流行歌曲，这个方法没有错。他打比方说："每个人都有自己的一条船，这条船会不时开到充满诱惑和惊奇的大洋彼岸，有些乘客下船了，但船夫不会下船。"对他而言，划着自己的船就是幸福，因为坚持，他一定会看到树枝吐绿，桃花盛开。

事实证明张超的坚持是对的。随后，他创作出一首颇有民族特色的《奢香夫人》，是根据贵州当地一位巾帼英雄的故事改编的，唱片公司一度强烈反对使用这个歌名，因为没有市场商业化操作的可能。但张超坚持使用这个歌名，他坚信一点，正因为还有太多的人不知道这片土地上的故事，才更需要用这样一种能激起人们好奇心的方式，去展现这些深藏于黔中大地的神奇历史。他的坚持最终赢得了唱片市场，更是让毕节这个地方跃入无数人的眼球。很多背包客纷纷来探寻奢香夫人的故事，踏上了这片神奇的土地。

　　都市是繁华的，那里的生活充满诱惑。张超有过很多次机会去北京生活，但最后他都放弃了，他选择留在贵州。因为这时候他的梦想和身份都有了新的变化。他新的梦想是对贵州音乐元素的挖掘和整理，并以极具流行音乐色彩的方式呈现出来。用音乐来宣传贵州，这是他赋予自己的责任。此时，他和音乐公司的签约已经到期，他成立了自己的音乐工作室，希望能更好地为自己的新梦想服务。去北京无疑会有更好的发展机会，但留在贵州会写出更多自己想要的作品，在机会和作品之间，当然是作品更重要。因为这里的一山一水，一草一木，都能带给他创作的冲动与灵感。脚踩大地，才能写出好歌。2011 年，他精心打造的《我在贵州等你》专辑，这张专辑收录了他创作的《掌心里的阳光》《我在贵州等你》《蝴蝶妈妈》《仰阿莎》等十多首风格各异的黔味流行歌曲，其中的多首歌曲已经走红，开始在各大音乐榜单上再续"神话"。

　　张超是个奇怪的人，特立独行是他的个人魅力。在教书和音乐之间，他选择了音乐；在面对众人质疑的时候，他坚守了自己的风格；面对都市繁华的诱惑，他选择了留在故土。也许别人不会理解，但这有什么关系？只要能为梦想活着，他就非常满足了。因为他始终坚信，划自己的船最幸福。

## "95 后"女生和 100 家书店

9月的成都，有了些许凉意，相对于周围的喧闹来说，见山书局有些遗世独立的味道。一位穿着时尚的姑娘正向书店走来，和其他读书人不同，她是带着特殊"任务"前来见山书局的。

她叫杨雨晖，出生在河北涿州，刚刚参加完高考，是四川大学的一名新生。来四川大学报到的第二天，她就来寻找见山书局了。因为，她要实现一个雄心勃勃的计划——用5年的业余时间，走访100家独立书店，见山书局是她要拜访的第32家。

一个大学新生，怎么想到要走访100家独立书店呢？这还要从杨雨晖上初二时的一个星期六说起。

那天，她从学校补习回家，走到半路，突然下起了大雨。杨雨晖没带雨伞，就躲进了附近的新华书店。为了打发时间，她想找本书看。这时候，她瞥见了书架上的一本插图本《封神演义》，可是她个子矮，够不着书，一个女店员笑盈盈地为她取下了书。那个中午，老式的插画，点燃了杨雨晖脑中的无尽想象，文字飞舞变成了战场厮杀，她完全沉浸在故事中，不知道雨是何时停的。

从那一天起，杨雨晖爱上了读书，也对书店有了很深的感情。

大雨倾盆，是书店为她提供了一方立足之地；女店员为她从书架上取书，让她懂得了在知识面前，每个人都是平等而有尊严的。渐渐地，她对独立书店情有独钟，在她眼里，独立书店最能够反映一座城市的精神高度。

可是，随着电脑手机的普及，电子书对纸媒书籍产生了强烈的冲击，到书店看书买书的人越来越少，新华书店受到了一定程度的冲击，而很多民营书店则纷纷倒闭。坏消息不断传来，北京的"万圣"又搬家了，上海的"季风"又少了一家……杨雨晖特别痛心，翻着自己收藏的 100 张独立书店的明信片，心里想着："如果我再不去，或许哪天它们就消失了；而如果我去了，或许可以为它们做一些事情。"

从此，杨雨晖这个"95 后"女孩，从老朋友雨枫书馆开始，踏上了走访 100 家独立书店的旅程。她决定拿出一部分压岁钱，花 5 年时间，利用寒暑假在全国寻访。

杨雨晖带着明信片按图索骥，她到书店不仅仅是看书、拍照，她还会向员工了解书店的历史，为书店写见闻、写评论、敲下纪念章，在微博开设"100 个独立书店走访计划"的话题。对发现的好书店，又专设"特殊站"话题。最与众不同的地方是，她还会在每张独立书店的明信片的左边敲上店章，并在右边写上自己的感想，这样明信片就非常有纪念意义。她的点评也很精彩，尽力为每个独立书店贴上个性化标签，比如，"'七楼书店'里二手的英文原版书多且便宜""'荒岛书店'有一股特殊的自由气息"等。

酷热的暑假，走访书店很辛苦。7月的北京，骄阳似火，杨雨晖骑车去熟悉的七楼书店。因没吃早饭，到达书店时她因低血糖险些晕倒。书店的阿姨非常感动，带她到咖啡区休息，为她倒水，陪她聊天，讲解书店的历史。

杨雨晖的愿景在微博上得到了很多网友的鼓励，也吸引了很多人的追随。七楼书店的主管刘女士感动不已，她说："杨雨晖给了我们支撑下去的力量，让我们相信一家书店的存在是多么有意义。"网友"小猫咪"在微博上说，她让更多的人了解她在做什么，让我们一起行动，做一件善事吧。

杨雨晖火了，成了微博名人。但她把名利看得很淡。她的下一步计划是写一份建议书，做一张书店地图，期盼更多的爱书人和她一起上路，不放弃任何一家小书店。

循着书香走，带着一颗爱心上路，杨雨晖的青春与众不同，一个18岁的女孩敢为天下先，不管她的努力能否为独立书店解决根本问题，她的执着已足够让我们敬佩和仰视。

# 10 万公里长的梦想

你喜欢摄影吗？如果让你为摄影行走 10 万公里，你会去做吗？在你摇头的时候，一个大男孩已经做到了。他就是毕业于中南财经政法大学的学生杨达。

2014 年 10 月，403 国际艺术中心收到一组黑白纪实摄影作品，工作人员惊呆了。拍摄者虽然是个大三学生，却拍出世界各地的风土人情，作品厚重，风格独特。作为一个文化交流的平台，403 国际艺术中心非常欣赏杨达，答应为他举办一场个人摄影展。

杨达，一个清秀、阳光、帅气的"90 后"，浑身上下都充满青春活力。很难想象，他在 4 年多的时间内，为拍摄黑白纪实照片，已经走遍了十多个国家和国内 20 多个省、区、市。目前，他已经成功签约世界四大图片社之一的法国"SIPA 图片社"，成为该社最年轻的签约摄影师。

谈起梦想，杨达坦言，摄影是他唯一不变的爱好。高考结束后，他潇洒地背上相机，开始一个人的旅行。他喜欢在路上的感觉，并希望用相机记录美好的风景。在老挝，他遇到一位黑白摄影纪实大师。大师为人低调，作品很棒，两个人在一起待了半个月，大师向他传授了摄影方面很多先进的理念，同时，大师的作品也给了杨达很多启示。杨达觉得，黑白纪实摄影在抛去所有色彩的情况下，更能够表现事物最本真的面貌，这正是他想通过摄影表达的。从此，摄影不再是杨达的业余爱好，而成为他执着追求的梦想。

上了大学以后，杨达把所有的业余时间都交给了旅行和摄影。爸妈对此很不理解，一个大学生要做的，就是完成学业，毕业后找一个稳定的工作，摄影玩玩尚可，这么投入，不是不务正业吗？不理解归不理解，该尊重孩子的想法还是要尊重。杨达每次出门，爸妈除了叮嘱他注意安全外，还会给他外出的费用。

在世俗的眼中，玩摄影是个烧钱的行当，杨达不这么认为。他在印度待了一个月，一共才花了3000多块钱。在设备上他花的钱也不多，只有一台尼康D7000单反相机。杨达说，摄影最重要的是眼光和思想，并不是设备。而要维持这些旅行的开销，除了爸妈给的生活费，杨达还会做兼职，向图片社投稿，他有能力养活自己。

为了让梦想开出花来，杨达经常奔波在异国他乡。在这个过程中，他遇到很多困难和危险，但每次他都能咬牙坚持，并化险为夷。云南临沧，杨达要去山上拍摄拉祜族，因为路远，天蒙蒙亮他就出了门。在一个三岔路口，突然冲出来 8 条狗，向他不停狂叫，吓得他全身发抖。危急时刻，一位村民跑来赶走了这些狗。在回去的路上，杨达捡了根结实的树枝来保护自己，这样他就敢和凶狗拼了。

还有一次，他在尼泊尔拍摄，正值雨季，从尼泊尔边境回拉萨的路被泥石流冲断。在这种情况下，坐飞机回国是明智的选择，但杨达嫌飞机票太贵，毅然选择走陆路回国。路上有多处泥石流，他翻越了几座山。在一处拐弯的地方全是泥土，他一脚下去滑了一大步，旁边两三米的地方就是悬崖，幸亏及时调整重心，才没有掉下去。翻越几座山后，他乘坐汽车去边境，泥石流将道路破坏得很严重，汽车前进一段路后，碰到了一处很大的塌陷，旁边是悬崖，司机强行开过去，车子突然熄火倒了回来，并且开始向左倾斜，杨达坐在左边窗口处，那一瞬间他似乎感受到死亡的气息。幸好司机重新加大马力，将车有惊无险地开到了安全的地方。

在追寻梦想的路上，杨达风餐露宿，曾经和死神擦肩而过，但他无怨无悔。努力没有白费，他行走 10 万公里拍摄的照片，反映国内外多地的风景人物，黑白纪实的效果，相当震撼，深受业内人士好评。和周围的同学相比，他是一个快乐的大忙人。2015 年，3 月去了菲律宾、4 月去了印度尼西亚，这两个项目都是图片社安排的工作；4 月底他又办了个人影展，年内出了一本自己的影集。

　　每个人都不缺梦想，我们所缺的，仅仅是对梦想矢志不渝的精神，哪怕是小小的坚持，都显得弥足珍贵。青春稍纵即逝，唯有梦想熠熠生辉。梦想靠什么去实现？要靠一颗敢打敢拼的心。

# 陈和丰：“90 后”的家国春秋

　　“90 后”大学生是目前中国最年轻，最具活力的一代，如果他们都不关注历史的话，历史将由谁来传承？为了动员更多的年轻人去“抢救”历史记忆，“家·春秋”大学生口述历史影像记录计划便应运而生。

　　陈和丰是上海大学历史系的研究生，也是“家·春秋”计划的一员。两年前，陈和丰的爷爷陈诚志去世，爷爷陈诚志是一个老实巴交的人。整理遗物时，他意外地发现了爷爷的一些日记。“1940—1945 年在温州讨饭，1953—1956 年参军……”这些陌生的带着历史陈旧味道的信息让陈和丰非常惊喜，他下定决心，把爷爷的过往从这些信息中挖掘出来，这会很有意义。因为，把每个人的历史汇集起来就是一部家国史，能够真实地反映一个时代。

　　从此，陈和丰扛起摄像机，把镜头对准了自己的父辈、祖辈和故乡。一开始家里人都不理解，“我们是普通老百姓，家里的故事再普通不过了，有什么好拍的？人家会看吗？”面对家人的疑惑，陈和丰调皮地回答：“我不在乎别人的态度，这场拍摄至少对我个人来说是非常重要的。以后我有了孩子，我就可以一边放这个片子，一边给他讲我们家族的故事。"

　　虽然嘴上说不在乎别人的看法，但他仍然非常想把它做成一部能够让大众接受的，看得进去的片子。为此，他动员起父亲、大伯、叔叔、姑姑和众多的亲戚朋友，组成一个庞大的制作团队。爷爷陈诚志的一生是陈和丰想去讲述的故事，但做纪录片，需要寻找一个核心的故事点。对这个家族来说，影响最为深刻的一段历史，是爷爷奶奶参加小三线建设而和孩子们分居的 16 年。他给自己记录的故事，起了个简单的名——《凡人歌》。

　　为了拍摄的真实，陈和丰带着摄制团队前往安徽泾县乌溪村，原 312 电厂所在地，那就是爷爷奶奶工作 16 年的地方。年过半百的父亲很兴奋，他从小溪边捡了两块石头，说下次扫墓的时候带给爷爷看看。陈和丰专注而认真地在做这件事，他隐隐感觉到，这是在解答自己的疑问："我是从哪里来的？"

　　为了拍摄家族的历史，陈和丰牺牲了很多娱乐的时间，他大部分时间都用在和父辈聊天，出门拍摄上。原来那个看动漫、玩游戏的陈和丰不见了。一些同学很不理解，认为他在浪费大好的青春。对此，陈和丰淡淡一笑，每个人有每个人的活法，不必在意别人怎么说。

　　在拍摄过程中，陈和丰遇到很多困难。他只是个大学生，他的家庭也不过是个普通的农民家庭。拍摄、走访、团队人员的吃住等都需要钱。为了筹措资金，陈和丰想了很多办法，向别人借、打工、做兼职、众筹，等等。他对自己说，即使得不到资助，我也会把这个作品做完。

陈和丰打算拍爷爷的档案，却找不到采访对象。了解情况的老人有些已经不在人世；有些健在的老人要么听不清，要么记忆力衰退；有的老人抗拒镜头，还不可理喻地驱赶陈和丰。苦笑之余，陈和丰三顾茅庐，耐心做老人的思想工作，最终使拍摄顺利进行。

在记录家族历史的过程中，陈和丰不断反思和成长。他发现了自身的很多问题，也听到了不一样的历史。《凡人歌》以爷爷的一生作为暗线，讲述在小三线建设下，一个普通工人家庭发生的故事。陈和丰想记录的，是他们这个平凡家庭默默传承的家族精神。

《凡人歌》推出以后，反响热烈，越来越多的年轻人加入到"家·春秋"计划中来，一个月内，主创者就收到 30 多所高校、78 个队伍、几百名同学从全国各地发来的报名视频。这些年轻人要记录的故事题材包括：战争、运动、社会、宗教、民族、建筑、爱情……

陈和丰在网上走红之后，记者曾向他提出一个问题，为什么要如此执着地去做一件枯燥的事情？陈和丰这样回答："中国的历史不仅仅是那些高高在上的精英人物的故事，还有一些历史需要口口相传。记录风云巨变的历史，见证悲喜交集的变迁，保存到每一个平凡人，每一个具体的人的生活和记忆里，这就是我的梦想。尽管这个梦想有些枯燥和沉重，但总有一扇门，要为梦想而开。"

# 把自己裹在暴风里

2014 年 4 月，在美国纽约，正在举行的一场摄影展引发了社会的热烈关注。这些照片都是以龙卷风为题材的暴风特写，画面惊心动魄，奇特壮观，给人极强的视觉冲击和心灵震撼。摄影师迈克·迈霍林斯黑德一举成名，成了人们热议的焦点。

迈克出生在美国内布拉斯加州的布莱尔，今年 37 岁。在他的家乡，经常能看到暴风。每逢遇到这种恶劣天气，小伙伴们总是回家躲起来。迈克不同，他会登上附近的一座小山，来观察神奇的风雨闪电。在大自然面前，他往往能得到超凡的体验。从那一刻开始，一个梦想在他心中萌发，他要观察暴风、记录暴风。长大以后，他成了一名玉米种植工人，虽说社会地位不高，但收入稳定。工作之余，迈克仍然忘不掉自己的梦想，一有机会就观察和拍摄暴风。

1999 年，对迈克来说，是人生的一个转折点，他第一次独自一人外出去追逐暴风。那是一次刺激的冒险，暴风像巨型潮汐波一样汹涌翻滚，周围不断电闪雷鸣。这一切足以令大部分司机吓破胆，赶紧掉转车头逃命。而他，却和这些司机逆向而行，勇敢地驾车飞奔，向着暴风的中心疾驰。3个小时后，他成功赶上了这场暴风，还拍摄了暴风最本色的照片。从那以后，迈克深深地爱上了追逐暴风这一活动，为此他不惜辞职，要成为一名职业"暴风追逐者"，追逐自然界最强大的现象之一。

迈克的行为让父母非常失望，他们来信责备迈克，怎么能因为一个业余爱好而辞职呢？这是一个荒唐的决定。如果迈克失去经济来源，他们不会考虑寄给迈克一分钱。迈克回信说，请父母放心，他会通过不断打零工来养活自己，他也不会因为谁的阻拦而放弃自己的梦想。为了梦想，迈克和父母的关系降至冰点。

迈克不后悔，他终于能按照自己的想法生活了，他成为一名全职暴风追逐者。他还给自己起了个名字，叫追风猎人。他把家搬到美国一个被称为"龙卷风走廊"的地方，方便捕捉到更多的暴风。一旦接到暴风预警，他就会驾驶着一辆越野车一路狂奔，游走在各个乡村和城市，将捕捉自然奇观的喜好当成自己的工作，专心拍摄暴风。15年来，他平均每年驾车行驶几万千米，已"猎"得40多个飓风或龙卷风。

要想拍摄出完美的暴风照片，最好置身于暴风开始的地方，并设法待在它们的前面。有时候暴风最疯狂阶段可能仅仅持续15分钟，摄影师必须抓住机会，才能从看不见的水蒸气开始，最终观测到一场庞大的龙卷风。这些水蒸气在不断上升的过程中慢慢浓缩形成暴风，在风的作用下不断盘旋。和可怕的暴风相比，人的力量非常渺小。而把自己裹在暴风里，危险程度可想而知。

为了近距离拍摄龙卷风画面，迈克经历过多次生死考验。有一次，龙卷风就位于他头顶的上空，然后很快移走，并导致一辆火车脱轨。当迈克位于龙卷风的行进途中时，他浑身发抖，不得不把相机固定在汽车上，以防拍照时相机晃动。迅速旋转的旋风从地面向上延伸，一直进入云端，差点把迈克也裹挟而去。还有一次，在密苏里州，在追逐了 6 个小时后，他终于拍到了一张闪电的照片。当时，他距离闪电非常近。

朋友们很不理解迈克的梦想，他们嘲笑迈克简直就是疯子。一年到头，辛辛苦苦地打工挣钱，然后把命交给暴风死神，他到底图的是什么。所以，当迈克邀请他们一起追逐暴风的时候，他们都毫不客气地拒绝了。有一段时间，迈克也曾经怀疑过自己的梦想到底有没有价值，他也曾想到放弃。但最终，他还是选择继续把自己的梦想坚持到底。

走在追梦的路上，一走就是 15 年。15 年来，迈克开车跋涉上万千米追逐暴风，捕捉那些难得的自然景观的磅礴之美。上帝不会辜负坚持梦想的人，会把成功赐给他。正是多次以身犯险，迈克才有机会拍摄到暴风的真正面目，带给人们奇妙的照片。当他的摄影展在纽约开幕后，观众爆满，大家驻足在一幅幅画面前流连忘返，不时发出惊叹之声。有一幅照片拍摄的是 3 股龙卷风纠缠在一起，正冲向一个停车场。在冲天的龙卷风中，能清晰地看到一道闪电。还有一幅作品，拍摄的是一股超大龙卷风席卷小乡村。夕阳西下，公路上一辆车也没有，死一般沉寂。在这些震撼的暴风照片面前，人们会沉下心来，思考人类和大自然之间的相处之道。

从 15 年前第一次追逐暴风的好奇刺激，到现在摄影展上的得意满满，迈克完成了自己的梦想。在向观众交上一份满意答卷的同时，迈克也完成了对自己的承诺。要追风，先把自己裹在暴风里，这份勇敢和坚持，正是迈克成功的秘诀。

# 涂鸦大师

一幅涂鸦能卖到 1000 多万元？而作者还是个玩摇滚的瘾君子？这是真的吗？答案是肯定的！

他叫让·米歇尔·巴斯奎特，出生在纽约的布鲁克林，从小就是个不爱上学的坏小子。因为是黑人，他还经常受到白人小朋友的欺负。在他 7 岁时，父母离婚，这给他幼小的心灵带来不小的伤害。叛逆的他经常逃学，离家出走，和狐朋狗友鬼混。

十几岁时，因为不遵守学校的规章制度，他被学校扫地出门。这之后，他经常出入一些俱乐部，喝酒，跳舞，玩摇滚，还学会了吸毒。彻夜不归的夜晚，他结交了一些艺术家、音乐家和歌手。其中，阿尔·迪亚兹成了他涂鸦艺术的引路人。

自从第一次见到阿尔·迪亚兹的涂鸦作品，他就非常喜欢，在那一刻他暗下决心，这一辈子要为了涂鸦而活。从此，他跟随着阿尔·迪亚兹，经常在夜色的掩护下，在纽约的各大墙壁上，用喷雾罐或者粉笔，有时候用油漆，画五颜六色的图案。第二天，他们会得意地躲在一边，看街头行人欣赏自己的作品。

父亲知道儿子迷恋上涂鸦后暴跳如雷。在他看来，涂鸦不过是一些穷困潦倒的人在墙壁上的乱写乱画而已，它是绘画圈的"杀马特"，根本不是什么正当职业，也难登大雅之堂。所以，父亲威胁他，如果他继续沉迷于涂鸦，就和他断绝关系。他和父亲闹翻了，从家里搬了出去。

开始独立生活后，他的日子很拮据。为了养活自己，他开始在T恤和明信片上画涂鸦作品出售。为了寻求灵感，他经常捧着一本解析图像符号的书，因此，他的作品既充满了神秘感，又多了许多与现代社会相关的符号、文字。画面既有纯真，又有讽刺现实的幽默。无论生活多么不堪，但始终有涂鸦陪伴着自己。

慢慢地，他找到了自己的风格，还设计出简笔小皇冠作为自己的签名。在T恤和明信片上画涂鸦并不能让他解决温饱问题，很多时候，他连一瓶酒都买不起。很多朋友劝他别再沉迷于涂鸦了，实际一点，找一份正经的工作做。他根本不领会朋友的好意，生气地把朋友赶走。

转机来自一位贵人的出现。一个偶然的机会，在一家餐馆里，艺术家安迪·沃霍尔买了一张他手绘的明信片，然后看上了这位少年，带他参加了他人生中第一场艺术展，从此，他正式进军主流艺术圈。

为了尽快打出名号，两个人联名创作多幅作品，并且还开办展览。终于有人开始关注这个新人。外界的鼓励给了他信心，他更加疯狂地作画。几年内，先后参加了 17 个群展，4 个大型个展，这让他声名远扬。1983 年，他参加了在纽约惠特尼美国艺术博物馆举行的双年展，他是这个具有标志性意义的展览上最年轻的参展艺术家。从此，奠定了这位 23 岁艺术家无可比拟的知名度。25 岁，他登上了《时代杂志》封面，被人称为新表现主义和原始主义的黑人画家。

　　时至今日，"小皇冠"历久弥新，流行于我们的日常生活中，还成为许多欧美明星的心头爱，有人甚至把它文在身上。人们不会忘记，这个符号的流行和一个励志故事有关。

　　哪怕是最低的起点，也可以让生命飞扬起来。只要你有梦想，有信念，有勇气，有坚持，你就可以穿透黑夜，看到星光。

## 人生永远没有太晚的开始

2015 年 4 月 4 日，一段探戈视频突然爆红于网络，在短短 5 天时间内，观看人数就超过了 5 万人。视频中，一位体态轻盈的美女在翩翩起舞，在 1 分 32 秒时来了个四周旋转，随后在 4 分 22 秒再次旋转……在场嘉宾大声欢呼，所有的网友目瞪口呆。因为，这位探戈皇后已经 92 岁高龄，她在用特殊的方式为自己庆生。

她叫苏斯，1923 年出生于美国。50 岁之前，她的生活轨迹和普通女子毫无区别，在人生的每个阶段按部就班地生活着。她的父亲是一位园艺工人，母亲身体不好，在家照顾几个孩子。苏斯很早就辍学了，打了几份零工补贴家用。后来，她认识了马克，两个人很快步入了婚姻的殿堂。接下来，苏斯一次又一次扮演了妈妈的角色，并且把儿女抚养成人。

青春易老，不知不觉苏斯已经 50 岁了。儿女们都已长大，他们希望母亲能快乐地度过晚年生活。平时到公园里散散步，遛遛狗，约几个好友喝咖啡，或者坐在摇椅上晒晒太阳。但是苏斯并不想这样，她感觉自己并不老，美好生活才刚刚开始。于是，苏斯开始改变原有的生活方式，这个举措让她的后半生熠熠生辉，异彩纷呈。

　　就在这一年，苏斯对时装产生了兴趣。于是，她去了一家服装店做了一名售货员。在工作时，她仔细观察流行的时装趋势，调查女性穿衣喜好。她还经常去观看时装秀表演。时常闭门在家研究相关资料。在家人的支持下，苏斯开了一家公司，创立了自己的服装品牌。

　　几年后，她的服装生意蒸蒸日上，她在服装行业声名远扬。这时候，海湾战争爆发了，苏斯此时已经63岁了。她突然做出一个惊人的决定：参军。她不顾丈夫和儿女的激烈反对，一意孤行，经过重重筛选，严格训练，她如愿以偿成为一名空军战士。在担任C-141运输机的机务长期间，她表现出色，成功完成补充给养任务。

　　人的心一老，就什么都老了。但苏斯的心始终年轻。她珍惜当下的生活，遇到感兴趣的事情就一定会去做。虽然头发已花白，脸颊也密布着皱纹，但她不想拄着拐棍老态龙钟，她要保持健康的身体，要像轻盈的燕子在空中飞行一样。退役之后，苏斯又开始了新生活。

　　70岁的时候，她喜欢上了音乐，还积极学习意大利语和法语。在此之前，她对音乐一窍不通，更别提受过什么训练。她请了音乐老师，每天来家里教授音乐课。还请了外文老师，教她别国的语言。她孜孜不倦地学习着，并且乐在其中。

　　同时，苏斯还爱上了荡秋千。在人们的印象中，荡秋千是一件悠闲惬意的事。而苏斯玩的荡秋千却是惊心动魄，危险万分。高空中，她仅用一根细绳系在腰间，倒挂着，从一个高杠荡到另一个高杠上。别人劝她别拿生命开玩笑，苏斯笑称："这样刺激的事情很酷啊。"在荡秋千时，她突然来了灵感，写了有生以来的第一首歌。后来，当她在一次晚会上演唱自己这首作品的时候，获得了雷鸣般的掌声。

　　一次失手，她从高空中摔了下来，她不得不远离心爱的秋千。伤好后，在一位朋友的介绍下，她走进了瑜伽课堂，并深深爱上了这项运动。那一年，她85岁了，却兴致勃勃地向身体发起挑战。每天都要一丝不苟地练习，什么事情也不能打断她。做瑜伽的她活力四射，身体柔韧灵活，可以做各种高难度动作。双手撑地，身体悬空，与地面保持平行，单腿独立连续站立一个小时。她说，瑜伽是与自己的身体对话，在对话中发现身体的巨大潜能。

　　就在92岁时，她又爱上了阿根廷探戈。对美和运动的热爱，使她爆发出惊人的舞蹈才能。她终于又找到一项表达自我的方式，找到了自己擅长的事情。视频中，跳着探戈的92岁的苏斯美若天仙，可谓大器晚成。

　　生活中，很多人都在抱怨，已经晚了，不然的话我也能够成功。其实，这不过是懒惰的借口。对真正有追求的人来说，永远没有太晚的开始，你最喜欢的那件事，才是你真正的天赋所在。做你喜欢做的事，上帝会高兴地为你打开成功之门。哪怕你现在已经 80 岁了。

# 我在哈佛上大学

　　哈佛是举世闻名的高等学府，在多数人眼里，能踏进哈佛的学生，不是天赋超群，就一定是"学霸"。哈佛大学硕士杨朦却向我们讲述了一个"与众不同"的逆袭故事。

　　杨朦生在长沙，父母都是高校老师。从小到大，他并不是一个让父母骄傲的好学生，相反，他是一枚不折不扣的"学渣"。上小学时，他贪玩好动，成绩在班里经常倒数。每次开家长会，都是老师重点关照的对象。小升初考试，父母为他交了一笔赞助费，但他并不珍惜难得的学习机会。翻墙踢瓦，沉迷于游戏，被罚站、写检讨成了家常便饭。上了高中，进的仍然是赞助班。虽然同学们都面临着巨大的高考压力，但他却玩得很开心，整天沉迷于篮球、交友，上课时精神萎靡，听一小会儿课就睡着了。在这样的状态下，他毫无疑问地高考落榜了。

　　他考了一个难堪的分数，别说重点大学、普通本科了，就连省大专线都没有达到。看到那些金榜题名的同学兴高采烈，他第一次感到自尊无处安放。在人生的十字路口，他第一次自己做了决定——复读，他要找回自己，对自己的未来负起责任。

复读是艰难的，但他不怕。题海茫茫，他一头扎了进去，拼命汲取知识的营养。吃饭，他都是跑着去。早操，他依旧在背英语单词。下了晚自习，他打着手电筒在被窝里看书。一年中，他瘦了 10 斤，成绩却提升了 400 分。第二年高考，他顺利考上了深圳大学建筑与城市规划学院。凭着大学优异的成绩，杨檬获得了去奥地利维也纳做交换生的机会。骄傲的他来到欧洲不久，自信心就被摧残了。在这个陌生的环境里，他不会买菜、不会做饭，甚至不会看地图，不会问路，所有事情只能跟着别人后面学，难以独立行动，更无独立主张。这让他痛苦不堪，无所适从。他又一次决定，重新出发，找回自己。他暗暗去学购物，学做饭，学英语，学各种旅游技能，辨别方位，订酒店，定路线，一步步从"小跟班"变成了领队，带着同学朋友走南闯北，他终于勇敢地找回了自己。

在做交换生期间，杨檬接触到两位来自哈佛的老师，他们严谨的治学态度，让杨檬对哈佛这座神秘的殿堂充满了憧憬。回到深大后，他又被推荐到美国读研。那是一段疯狂的学习，一门课接着一门课，课程完毕之后是"连续不断"的作业，学习到深夜是经常事。到了考试周，他一周就睡了 10 个小时。他一直在为申请哈佛而努力，却没想到，高负荷的紧张学习让他的身体如同多米诺骨牌轰然垮掉。短短一个半月，体重骤减，机能失调，精力无法集中。医生要求他放弃申请深造："如果你执意要去，那就是赌命。"

又一次站在人生的十字路口，杨朦深刻地反省自我，没有健康，一切努力都是白费。所以，他暂时放弃了哈佛的申请，去四处求职。在美国，相比上学，工作算是一种回归规律生活的休养生息。刚在一家公司上班不久，挫折再次不期而遇，遇上失业潮，杨朦被裁员了。杨朦没有慌张、抱怨，而是发动所有朋友、同事、老师去帮忙寻找工作机会。在他的不懈努力和大家的帮助下，他1个月获得了7次面试机会，终于又找到一份理想的工作。

几个月后，杨朦的身体恢复了健康，他再次燃起申请读哈佛大学研究生的愿望。于是他一边工作，一边积极准备材料，他想追梦哈佛，过一种辛苦却了不起的人生。在他的不懈追求下，杨朦终于收到了来自哈佛大学的录取通知书。命运没有辜负努力的人，他终于实现了自己的梦想。后来，杨朦和其他几位同学一起出了一本书，叫《我在哈佛上大学》，他希望用自己的经历告诉那些正在追梦的年轻人一些朴素的人生道理。

只要心中有梦，人生就不会落榜。无论多么糟糕的境遇，只要及时找回自我，随时出发，你就已经踏上成功的阶梯。因为，人的潜能是无限的，请相信自己。

# 青弘：一生专注一件事

温州是一个好地方，一条瓯江缓缓而过，不但孕育了温州的勃勃生机，也孕育了各种独特的民间工艺。源于汉代的瓯塑，又称"彩色浮雕"，以桐油和泥碾细合为原料，运用堆塑技艺制成，用于装饰寺院、庙宇门壁和民间嫁妆等。瓯塑具有水浸不透，受燥不裂，色彩丰富，技法繁多的特点，与"黄杨木雕""东阳木雕""青田石雕"并称"浙江三雕一塑"。

瓯塑美艳，然而制作过程却很单调。繁杂的工序，考验着制作者内心的承受力。一块选用的木板先要经过刮灰、防腐、罩光防氧化处理，耗时一星期左右。随后，要选定图稿，刷三次底色，刷上底色后的木板变得有质感，很细腻。每刷一次底色，需要三天才能干透。接着是着手制作泥塑，这一过程要花费两三个星期的时间。等泥塑干透，再整体调整色差，把画面整理干净，送去装裱。一幅完整的泥塑作品，往往费时一个多月，甚至半年或一年。在这个浮躁而功利的社会，制作瓯塑的漫长过程需要抵挡多少外界诱惑？年轻女子青弘却一直坚守着，无怨无悔。

青弘自称是一个流浪者，当过老师，热爱艺术，写诗，画画，云游，痴迷道教，但最爱的还是"玩泥巴"。出身渔家的她，从小跟着父亲在田间劳作，温润的风唤起了她对泥土的热爱，因为泥土里能诞生一切。长大后，她选择了瓯塑，想用东海之滨的泥土塑花、造船、盖房子……去塑造一切内心深处渴望的东西。

缓慢的时光中，有些工艺渐渐落幕，有些工艺发生很大的革新。匠人的坚守和艺术的创新并不对立。青弘执着于从传统技艺中寻求新的创意和突破，于是进行了一系列艰苦的探索。传统的彩色油泥塑，需要一种神秘的原材料——青泥。青弘尝试着在青泥制造过程中加入熟糯米和一种纳米材料，为其增加韧性和黏性。在艺术上，她则追求一种"极简"的艺术风格。这种风格是安静的，视觉上很协调。或孑然独立，或受风雨摧残而坚韧不拔，或在繁华热闹中隐去……总之，她的作品充满个性，似画非画，似塑非塑，无门无派，与这俗世截然相反。

在人民大会堂浙江厅里，有两幅风景壁塑"西湖全景"和"雁荡秋色"，堪称瓯塑代表作。前者像一位秀丽、文静、含情多姿的少女，后者则似一位雄壮、威武、粗犷豪爽的壮士。一静一动、一柔一刚、一暖一冷、一细一粗、一淡一浓的对比效果，充分体现了瓯塑的精湛技艺和丰富的表现手段。不但把雕塑、绘画两种不同特点的艺术有机结合，还借助色彩来描绘光线的强弱、色调的冷暖和深远的空间，从而大大加强了画面的艺术感染力。

　　精美的技艺是人类宝贵的财富。瓯塑这种流传了近千年的民间工艺，2006 年被列入第一批浙江省非物质文化遗产名录。2008 年，又被列入第二批国家级非物质文化遗产名录。

　　古老的技艺需要传承，需要无数默默坚守的匠人。在物欲横流的社会，安静的青弘如一朵莲花。她相信，只有在虔诚的心的指引下，能吃大苦、甘寂寞，才会创作出艺术精品。

　　新的一天开始了，小贩的叫卖声声声入耳。青弘在租来的小房间里，挥汗如雨，专心捏着手中的泥巴。这是一位李会长的头像，眼神淡定而慈悲。青弘一遍又一遍地做着泥塑坯，挑选其中一个喜欢的留下，其余封存。无论世事如何变迁，她只愿沉醉在自己的世界里，不被打扰。

## 木头里住着上帝

前不久，在杭州举行的一场名为"初开"的木雕展览，格外引人注目。无论是小件的木器还是大件的家具，都是纯手工制作而成。木头上或深或浅的刻痕，都在无声诉说着时光的宁静，别样的美丽让接触作品的人陶醉其中。更让人惊讶的是，这些作品的制作者竟然是一位"80 后"大学生：海弟。

十年前的海弟，还在广州上大学。读的是化学食品专业。喜欢穿牛仔裤、白衬衣，给人干净清爽的感觉。但他的性格却有点木讷，说话也比旁人慢半拍，人送外号"木头人"。毕业后，他顺利进入一家检验机构工作，单调的工作让海弟很不满意，所幸单位还有一个木头实验室。那好闻的木屑味让海弟安心、着迷。他对木头一见倾心，经常带一些木头回家，试着做一些童年的玩具。

从一见钟情到恋上木头，海弟花了三年的时间。他苦恼的是，自己只是处于爱好阶段，对木头的知识了解甚少。2006 年，他认识了著名的木材鉴定专家，已经快 80 岁的苏中海。从此，他便跟着苏中海老师看木头，闻木头，摸木头，学习鉴定木头的知识。时间越长，他的知识越丰富，对木头越着迷。在老师家里，他经常对着砧板自言自语，或者蹲在地上长时间看着地板。他发现，砧板竟然是由坚硬的枕木斜切而成，地板原来不是黄花梨，而是重蚁木。每一个发现，都让他惊喜不已。

在做木头鉴定的同时，海弟爱上了雕刻。雕刻木头需要的不只是想法，手不顺刻不出怎么办？海弟找到了一家木工厂，开始为期一年的木匠学徒生涯。在厂里，他感受了传统木作的智慧，刨、凿、磨刀，每天重复单调机械的劳作。他在这方面有天赋，别人学三年才能做出一只四角八开的凳子，而他，仅仅学了三个月，就做出了一只正常的凳子。

有了飞翔的翅膀，海弟对木头的追求升级了。他从单位辞职，自己弄了一个木艺工作室，专注创作自己的木雕艺术作品。每隔三五天，他就会骑着单车走街串巷收木头。那些没人要的破烂儿，在他眼里都是宝贝。几年间，他收集了上千种木材的标本。清洗、除尘、整理、研究，各种木头堆满了工作室，木头成了他生活的一部分。

在他的家中，小到勺子，大至桌椅衣柜都由木头制成，工作室里更是木头的海洋。创作是一个非常缓慢的过程，雕刻作品不是随便戳几刀，而是创作者的思索和表达。海弟用心制作每一件作品，经过无数次尝试才可能达到最完美的表达。

　　有时候，他的创作也会遇到瓶颈。看美剧时，海弟发现剧中人物都有一个纪念盒，里面放置着许多小时候收集到的小物件。他在网上找，没找到好看的，于是就决定自己做一个。于是有了现在的全盒系列。他最初想到的是用整块木头凿出来，但横截面比较脆弱。后来他又改为榫卯结构来结合，虽然用了含水率极低的柚木，但木头因为气候变化会产生伸缩。过了一段时间，他发现，盖子有些变形。他心情烦躁，就走出家门，到野外散心。

　　途中他遇到了一位阿公，坐在田边一动不动，就忍不住走过去问他原因。阿公说田里种了一种豆，至少需要四五天的时间，才能发芽成苗。在这期间，会有一种叫作"咕咕"的鸟来吃。为了一棵健康的小苗，阿公准备一直在田边守下去。

　　海弟被阿公感动了，他静下心来，又回到工作室，继续设计自己的全盒作品。这一次，他采用三块木头来做，变形的概率降低了很多。

　　折腾了 10 年，终于有了"初开"的木雕展览，还有了一家叫"里白"的家具店。从一个坐在化学实验室里做质检的理工男，到充满文艺情怀的木艺大师和家具店老板，用 10 年时间打磨技艺，海弟完成了自己的华丽蜕变。当记者采访他的成功经验时，海弟用了一句名言来概括。他说："我很喜欢艺术家萨贺芬说过的话，执着于自己的作品，在锅里也能找到上帝。"

是的，匠心有的不只是寂寞和坚持，还有爱。只要执着于自己的作品，一定会走向成功。

## 选择比努力更重要

他是一个努力的人，也是一个骄傲的人。出生于甘肃农村的他，听到父母说得最多的一句话就是"读书改变命运"。目睹了父母在田间劳作的辛苦，他学习起来比谁都用功。从小学到中学，除了一次考试因感冒发挥失常外，每次考试他都是第一名。

他是同学心中的学霸，老师眼中的宠儿，更是乡亲们嘴里的文曲星。他活在别人羡慕与仰视的目光中。2003年，他成了会宁县的高考文科状元。一时间，县城的大街小巷都挂满了宣传他的标语，他的名字被无数家长提起，作为孩子们学习的榜样。

命运似乎喜欢捉弄一个成功的人。因为志愿填报失误，他并没有被心仪的名校录取。骄傲的他不允许自己成为别人的笑柄，选择了复读。第二年高考，他再得高分，成功考入南开大学哲学系。在这次逆袭里，他成功完成了从农家子弟到名牌大学学生的身份转变。

顶着高考状元的光环，他开始了大学生活。大学里精英如云，他除了刻苦学习外，别无选择。在保持不错的学习成绩之余，他还喜欢到图书馆看书。他通读了哲学、历史、社会、文学等书籍，构建起丰富的知识体系。他发现自己对文学很感兴趣，于是尝试着写一些故事来自娱自乐。

名牌大学毕业后，他怀揣美好的理想去北京打拼。他换了很多工作，今天在 IT 行业，明天又跳槽到房地产行业，干了几个月，他又跳槽到了保健品行业。和大多数没有任何背景的孩子一样，即使再努力，每个月拼死拼活拿到的几千块工资也仅仅只够交房租和维持基本生活。最穷的时候，他只有几块钱，对于未来完全看不到任何希望。成功变得遥不可及，他懊恼、不甘与怨愤，因为他曾经一直是佼佼者。

一个星期天，他和一群朋友去爬山。爬上山顶后，山风吹来，大家聊天的兴致很高。登山队队长问了大家一个问题："站在山顶，大家会想到什么？"有人说："高处不胜寒。"有人说："一览众山小。"队长语出惊人："站在山顶，没有虚荣和风光。我学会了俯视，学会了平常心，学会了聆听脚下每一个弱小的生命。"醍醐灌顶，队长的话让他瞬间明白了，自己的烦恼根源就是因为太高傲，不断要求自己一定要做到最好，一定要在一线城市站稳脚跟。虚荣蒙蔽了心灵，所以不明白自己真正想要的是什么。一声长啸，空谷回声，他听到自己内心最真实的声音。

从那以后，他告别北京，回到了三线城市宝鸡，在那里开始了人生的第二次逆袭。经过仔细分析自己的优缺点，以及对时代发展的一个综合判断，他摈弃浮躁，静下心来，开始从事一个独特的职业——在家写网络小说。这是一个惊人的选择，但事实证明，他的选择没有错。身处宝鸡这座宁静又充满活力的历史文化名城，他身心愉快，创作灵感得到了火山爆发般的释放。

与百度文学签约后，他以"乱世狂刀"为笔名的每一部作品都在其旗下的纵横中文网大火。就在炙手可热的《御天神帝》之前，他的上一部作品就大获成功，在数字阅读、传统出版、游戏开发等多个领域备受好评。而玄幻小说《御天神帝》，更是一度直接冲上百度小说人气榜第一名，吸引了多家影视公司洽谈合作，最终被某大型影视集团高价签约。由这部小说改编的电视剧还在紧锣密鼓地筹备当中，他获得的回报可以用"名利双收"来形容，这部刚刚更新了 100 万字的新书，仅影视版权的收入，就为他换来了两套房，一套给弟弟，一套留给自己和相爱十年的女朋友结婚用。而他本人，如今身家已达千万，正式进入了一线"网文大神"的阵营，成了网络文学上不可或缺的重要人物。

不错，他就是李国瑞，曾经的高考状元，如今的著名网络作家。记者在采访他的时候，特意问到了他是如何成功的。关于这个问题，他是这样回答的："我是在一个关键的时刻，做出了正确的选择，所以才拥有了今天的成功。因此，在某种意义上，人生，选择比努力更重要。"

第五辑

敢于打破常规，

才能出类拔萃

美国哲学家爱默生说，人的一生正如他一天中所想的那样，

怎么想，怎么期待，就会有怎样的人生。

在奋斗者的行列中，只有大胆创新的人才会距离成功更近一步。

因为不从众，才能更出众。拒绝简单复制，成功没有固定公式。

打破常规，才是通向成功的不二法则。

# 把荒唐变成可能

喝咖啡剩下的残渣，可以做成衣服穿在身上吗？在常人眼中，这是一件不可能实现的荒唐事情，偏偏有人把它变成了现实。

2005 年，陈国钦和太太在中国台北的一家星巴克喝咖啡，他是一家纺织厂的车间主任，连日高负荷的工作让他身心疲惫，他想趁着喝咖啡的工夫，让自己放松一下。

在喝咖啡的时候，他们注意到一个特别的顾客。这个人临走的时候，向柜台服务员要咖啡渣，说回家后将咖啡渣放在冰箱或者烟灰缸里作为除臭剂。陈国钦的太太感到很有趣，就开了一句玩笑，如果把咖啡渣涂在做完运动的人身上，是否就不会有汗臭味了？说者无意，听者有心，陈国钦灵光一闪，他在咖啡渣上看到了商机。在中国台湾，一天就能产生 40 吨的咖啡渣，如果将这些原材料进行合理有效的利用，比如，做成衣服，岂不是一门很好的生意？

回到工厂后，陈国钦把自己的想法告诉老板，却被老板狠狠地骂了一顿："别异想天开了，咖啡渣要是能做衣服，早就有人研发了，还能等到今天？"周围的同事也都嘲笑他，有这工夫胡思乱想，还不如把本职工作做好呢。在单位没有得到支持的陈国钦没有放弃，他相信自己的设想是合理的。于是，他从工厂辞职，专门研究起用咖啡渣做衣服这件事情。

这一研究就是 3 年，3 年来，他投入很多精力，辛苦可想而知，其间一共投入 200 万美元。他的妻子站出来反对，她怕陈国钦一事无成，白白浪费了时间和金钱。面对妻子的不理解，陈国钦耐心解释："请相信你的老公，请相信老公的判断。"

将咖啡渣制成衣服的设想，让陈国钦寝食难安。他研发了一代又一代产品，每次有了新产品，他都会制成衣服让亲戚朋友们试穿。到第四代产品的时候，他满心欢喜，认为差不多就要成功了。但接到大家的反馈却是：衣服刚拿到手时，有股淡淡的咖啡香气，可穿上身几个月后，衣服就有一股去不掉的臭味。面对这样的情况，亲戚们也劝他，要不就算了吧？随便干点什么活也能挣口饭吃，用咖啡渣做衣服实在是太荒唐了。

陈国钦一度想要放弃，难道从一开始自己的方向就错了吗？不，不是的，研究的方向没有错，一定是有些问题被自己忽略了。于是，他又请教了相关的科技人员，最后弄明白了臭味的来源竟然是为了留住顾客而保留的咖啡香气。由于咖啡渣中的咖啡油没有萃取干净，人体运动产生的汗液和咖啡油相结合就会产生臭味。于是，他又投入 1000 多万新台币继续研发，终于第八代"咖啡纱"完成了除臭功能。就这样，他先把咖啡渣制备成咖啡纳米母粒，然后利用回收的 pet，加上一些矿石玉粉，再采用其他的一系列特殊的纤维结合工艺，生产出了"咖啡纱"面料，质量非常好！

2007 年，技术成熟后的陈国钦成立了自己的纺织公司"兴采"，正式生产咖啡纱，这是全球第一家开发出咖啡渣纺织面料的企业。这种产品具有除臭、快干、防紫外线等优点，迅速得到了全球近 60 家知名品牌公司的青睐，耐克、阿迪达斯等国际大公司纷纷采用陈国钦的环保科技咖啡纱面料，订单像雪片一样从全球各地向他飞来。那一年，陈国钦的咖啡纱创产值 1 亿元新台币！

美国哲学家爱默生说，人的一生正如他一天中所想的那样，怎么想，怎么期待，就有怎样的人生。在接受记者采访的时候，陈国钦深有感触地说："当全世界都在怀疑你的时候，你是否还能坚持相信自己，这一点非常重要。只有相信自己，才会有行动的欲望。行动多了，才会有经验；经验丰富了，才会出成绩。所以，唯有自信，才能把一件看似荒唐的事情变成可能。"

## 别人卖米粉，我卖艺术

当你吃一碗米粉时，或许不会想到，简单的一碗米粉里也有大学问，卖米粉的老板也是高学历。

今年27岁的张天一是北大法学院的硕士研究生，毕业前夕，同学们都在忙着找工作，他则在北京开了一家米粉店，当起了小老板。这则新闻马上引发了社会的广泛关注，一位北大的硕士研究生，学了6年的法律，为何不找一份对口安逸的体制内工作，却要自己创业卖米粉呢？

对于这个问题，张天一的答案很简单，因为喜欢。张天一是湖南常德人，父母就是开餐馆的。在这样的家庭长大，张天一自小就对餐馆有浓厚的兴趣。上大学选择法律专业，完全是遵从爸爸的意见，张天一是个听话的孩子，虽然心里不愿意，却不想惹爸爸生气。上本科时，张天一就是学校里出名的"财富明星"，开过两家餐馆，生意都不错，这不仅给他积累了一定的财富，也积累了创业的经验。

毕业在即，张天一开始认真规划自己的未来。这一次，他不想再考虑别人的意见，他要遵从自己的心。于是，他约了3个朋友，大家共同出资，共同策划，开了这家米粉店。为了不让爸爸生气，他嘱咐同学瞒着父母，别让他们知道。他的合作伙伴也都是高学历，有硕士，MBA，还有公务员，于是，他们给自己的米粉取了一个很艺术的名字，叫"硕士粉"。同时，制作了不一样的海报招牌："硕士粉，良心粉""我们是 90 后，在环球金融中心，为自己上班。用知识分子的良知，在他乡，还原家乡的味道"。

米粉店开业了，顾客盈门，生意火爆，四个人忙不过来，大家身兼数职。很多时候，张天一既是老板，又客串大厨。他戴着黑框眼镜，文质彬彬地问顾客："吃圆的，还是吃扁的？"一副地道的常德腔。得到顾客的答复后，他就舀粉下锅，手法极其娴熟。谁能知道，眼前的这位大厨竟是北大的硕士研究生？谁能了解，米粉生意背后的辛苦？他每天守着一锅牛肉、牛骨汤熬到凌晨两三点，次日一早再搭地铁首班车进店，烧水、煮米粉、招呼客人……

喜欢一件事，就要把这件事做到极致。硕士生开的米粉店，和街头普通的米粉店，有什么不同呢？张天一骄傲地说："别人卖的是米粉，我卖的是艺术。"小小的一碗米粉，竟让张天一做成了艺术。

"硕士粉"的第一点艺术体现，就是鲜明的家乡味，常德味，让顾客品尝到最正宗的常德米粉。他们创业有规划，有调研。为了突出常德的乡土特色，张天一回到家乡，走街串巷，遍尝百余家米粉店求取真经。这让家乡人都知道了这个特别爱吃米粉的小伙子张天一。最终，张天一选择了一家最正宗的米粉店拜师学艺，精心确定自己的配方。

既然是"硕士粉"，有高学历的创业团队，当然在营销上也不同凡响。他们借助了互联网思维的营销经验。眼下，非常火爆的雕爷牛腩、黄太吉等餐饮品牌，正是因为用互联网运作而风生水起。这给了张天一很大的启发。在实地吃过雕爷牛腩 100 元一碗的牛腩饭和黄太吉十几元钱的煎饼果子后，他却发现，这两者运用的所谓的互联网思维，只是通过加强营销提高了顾客的期待，却并没有在实质上改善顾客体验，顾客还需要为营销成本付高额账单。所以，张天一决定，自己的米粉店在营销方面，一定要达到顾客期待，从实质上改善顾客体验。

为此，在选址方面，张天一煞费苦心。他几乎走遍了北京的大街小巷，最终决定把米粉店开在环球金融中心。米粉店的门面只有 40 平方米，月租近万元。虽然租金昂贵，但张天一更看重这里良好的周边环境，都是高档写字楼。在众多的法式大餐、日本料理等高端环球食肆中，张天一把自己的米粉店打扮得高端大气上档次。店堂敞亮，墙漆沙发色彩鲜明，像一家西式快餐厅。

在店内消费，还有一个奇怪的现象，那就是人工很少。这家店里不设服务员，有三个垃圾桶，顾客用完餐，自己收碗，将垃圾按照残汤、塑料碗、筷子纸屑的顺序分类好。作为履行环保责任的奖励，张天一回馈给顾客一份水果。张天一说："我们要把米粉做成艺术，做成受人尊敬的行业。"

北大硕士生卖米粉，这事引发了很多人的热议。有些人不理解，记者在采访张天一的时候，也向他提出类似问题。比如，为什么放弃专业对口的安逸工作，却要开米粉店？是不是用高学历低就业的反差来炒作自己？张天一淡淡一笑，他解释说："我的偶像是寿司厨师小野二郎。他活到九十多岁，一辈子只做一件事，把小小寿司做成一门艺术。在我看来，除了具体的条文，法律背后更重要的是它的精神和思维。用一种思维去做事情，就不那么限制行业了。"

卖米粉的"90后"北大硕士张天一，把米粉做成艺术，凸显了一种精神，激发了社会正能量。这个被家长宠大的孩子，放弃了安逸和稳定，甘愿承担风险和艰辛，奋斗打拼，这种就业观和价值观值得尊重和肯定。

## 偷不走的自行车

现年 21 岁的安德烈是智利阿道夫·伊班奈兹大学的大二学生，学的是工程设计专业。他是一个狂热的自行车爱好者，经常活跃在各大自行车论坛上，任何一场山地车挑战赛他都会到现场观看。日常出行，自行车是他最亲密的伴侣。每逢周末，他还会骑着自行车去郊游。他喜欢这种既健身又环保的运动，也享受在阳光下骑行的乐趣。

但是，最让安德烈苦恼的是，他的自行车经常被盗。他已经更换了好几辆自行车了。一年前，他在自行车俱乐部看中了一辆名牌自行车，用自己在快餐店做兼职的工资买了下来。骑了不到两个月，在一次上厕所的时候，他心爱的自行车不翼而飞。安德烈既心疼又伤心，他不敢再买好车了，就买了一辆二手的普通自行车，上下课骑着方便些。没想到，刚骑了一周，他的破自行车在图书馆前又不知道被谁骑走了。

安德烈愤怒了，自行车太容易被偷了，难道就没办法解决这一难题吗？他想设计出一款特殊的自行车，永远不会被偷。他找到自己的专业老师，谈了自己的设想。老师不置可否："安德烈，请把有限的精力放在该干的事情上吧，别浪费时间。"安德烈回到家，又把自己的想法说给爸妈听，爸妈气冲冲地说："别异想天开了，臭小子。"得不到老师和父母的支持，安德烈并没有丧失信心。他又把自己的想法讲给同学听，终于找到了两个支持他的同学，乔斯和波尔，他们凑了一些钱，买来自行车零部件，开始了自己的研究。

在设计过程中，他们做过很多尝试，不断改进方案。在过去，自行车设计者们较少考虑防盗问题，一般用锁插进轮子的金属辐条之间以阻挡车轮转动，但这样的锁很容易被撬开。一开始，他们按照传统思维，只想在锁的牢固性能上下功夫。实践表明，无论多么坚固的锁也无法敌过一把铁锤的重敲。他们又参照了网上一些自行车设计者的做法，让座椅变身车锁，把可拆卸的车把手用作车锁。当他们把设计出的自行车样板放在超市前，三小时后，自行车还是不见了。

设计失败，安德烈非常苦恼。但是他没有认输，他鼓励自己，也鼓励伙伴们，只要用心，一定会设计出偷不走的自行车。他们推翻了之前的设计，决定另辟蹊径，运用自己的智慧，尝试把自行车防盗和智能手机的蓝牙功能结合起来，终于获得成功。

从有创意到自行车成功设计出来，安德烈用了差不多一年的时间。他设计的自行车从外形看与普通自行车没什么区别，实则内有乾坤。该自行车的车架下部可以打开变成两只"锁臂"，与座椅连接到一起，并且还可以把自行车锁在柱子、金属架等物件上。偷车贼若想开锁，唯一的办法就是拆毁此车。再通过蓝牙将智能手机与车锁连接起来，只要车稍微有个风吹草动，主人就会在第一时间知晓。该自行车抛弃传统外接车锁的设计思路，把插销概念引入自行车设计中来，让车架组成插销孔，车座成为活动杆，二者相扣，上锁，轻松完成锁车过程，这个设计巧妙又便捷。

　　安德烈设计出了全球第一款"永不丢失"的自行车，经媒体报道之后，在社会上引起了强烈反响。有人质疑说，如果有人只是朝车座踹一脚，即便不偷走车，也会连累车主因车座下陷而骑不了车。这种说法无疑有点吹毛求疵，安德烈表示自己还会对设计出的自行车做进一步的改进。更多的人表达了对新款自行车的热爱，他们毫无保留地给了安德烈鲜花和礼赞。有业内人士称，这是一项很聪明的发明。一个生产自行车的厂家找到安德烈，表示愿意和安德烈合作，生产这款自行车。

　　目前，安德烈已经递交专利申请，他也接受了该厂家的合作建议。该厂家为该项目投资 30 万美元，2015 年中期可以生产出第一批 1000 辆自行车投放市场，其零售价格在 400 美元到 1000 美元之间。

　　在梦想的路上，行动者都是牛人。有了创意就赶快行动，加上不屈不挠的勇气，你的人生就会有无限可能。

# 将店铺开到火车上

一年前的夏天，一位绿衫红裙的女子在大连街头踽踽而行。她叫姜莉，是一位爱时尚的"80 后"。刚刚从上海辞去了工作的她，回到家乡，在无聊的闲逛中，寻找创业的灵感。

当走过大连理工大学的门口时，她停下脚步，眼睛蓦然亮了。废弃的铁轨上，一列陈旧的绿皮火车显得格外落寞。一些温暖的回忆涌上心头，怀旧之余，一个大胆的想法瞬间产生了：国外有人把集装箱改造成环保旅社，我能不能把废弃的绿皮火车改造成一家咖啡店呢？

仅仅是一个想法而已，姜莉并没有过多地谋划。几天后，在一次聚会上，她和一位投资人聊起想改造绿皮火车为咖啡店的创意，得到这位投资人的大力支持，这无疑给姜莉增长了信心。了解姜莉的人都知道，她是一个喜欢折腾的人。在上海打拼十年，做过机场 HR 工作，后转战时尚界，每一次折腾她都有规划。这次也一样，她没有贸然行动，创业之前，她首先做好了风险评估和市场调查。在做好充足的准备后，她决定把绿皮火车变成一条创意街，每节车厢就是一个店铺，有咖啡厅、美式比萨店、焖面馆、甜品店、服装饰品店、酒吧等。

行动，就要全身心投入。姜莉和合伙人拿着项目的演示文稿，与铁路局进行多次沟通。最终，他们的诚意打动了铁路部门的有关领导，答应与姜莉开展合作。接下来，他们又遇到了很多难题。第一个难题是营业执照，一般来说，许可营业的地址都是某某号楼，某某单元，可是一列火车如何填写地址呢？经过多方奔走，营业执照得到了审批。另一个难题是水电问题。火车上没有现成的水电系统，只能重新做。姜莉请来了改装水电的师傅，和他们商讨每一个具体的施工环节，最终解决了火车上的水电问题。

2015 年 5 月 17 日，一条名为"旅途之生"的火车主题创业街在大连理工大学南门开门迎客。远远望去，在一条停用的铁轨上，一列绿色的火车在一片郁郁葱葱中"呼啸而来"。这个装修成西班牙皇室风格的"旅途之生"咖啡店，在开业初期就得到了众多关注，络绎不绝的顾客带来了一个问题：服务有些跟不上。由于一天的销售量最多会达 300 单，而服务员加上厨师只有 11 人，加上店铺临近大学，服务员大多由大学生兼职，服务水平不够专业。为此，姜莉加强了管理和培训，优化了服务流程。要求员工成为一群"狼"，即执行力强、有明确的目标，同时拥有较高的效率。经过几个月的努力，从大众点评的评价来看，他们的服务得到了很大改善。

目前，姜莉的绿皮火车创意街生意非常火爆，作为全国首家火车主题的创业街，已有包括咖啡厅、酒吧、餐厅、瑜伽室在内的8家商铺入驻该列火车，创业者大都是"80后"大学毕业生。面对成绩，姜莉并没有满足。她的近期目标是将绿皮火车创意街二期工程做好。二期工程规划了20多家商铺，要建成集餐饮、娱乐、休闲、文化于一体的商业圈。

姜莉的咖啡店里，时常会看到很多大学生。大一女生小雯说："坐在绿皮火车上喝咖啡，让我重温了过去的岁月，找回了旅途中的快乐。"另一位女生夸张地说："好喜欢这里西班牙式的装修风格，让我有一种穿梭在历史中的恍惚感。"让顾客喜欢，这是姜莉最大的愿望。她认为，绿皮火车的概念是历史的熏陶，也是文化的传承，要让店铺在好的基础上，变得更好。

一位哲人说过，如果这世上真有什么奇迹，那只是努力的另一个名字。姜莉的身上不缺少努力，她用不怕一切困难的决心和勇气，为自己另类的创意保驾护航，涂抹了生命中浓墨重彩的一笔。很多时候，拥有一个好点子，是创业成功的必要前提。

## 后脑勺上的明星脸

　　如果崇拜一个偶像，你会选择以什么方式向他致敬？是看他的电影？唱他的歌曲？还是看他的比赛？购买和他有关的产品？如果换一种方式，向自己的偶像致敬，你是否会考虑把头发修成他的脸的样子？在巴西，就有一家理发馆在为顾客提供这一项颇有创意的服务。

　　这件事还要从纳里克的烦恼说起。纳里克是一个 27 岁的小伙子，他的祖父和父亲都是理发师。纳里克从小就对理发有着浓厚的兴趣，也学了一手高超的理发手艺。告别校园之后，纳里克在巴西的沿海城市圣维森特开了一家理发馆，希望通过理发这门技术养活自己。

　　纳里克的理发馆开在繁华的商业区，店内的布置颇具浪漫气息。墙上贴着淡紫色的墙纸，地上铺着木质地板，还有舒服的天鹅绒沙发供顾客休息。遗憾的是，理发馆开张三个月，顾客仍然寥寥无几，连生计都成了问题。生意不好的原因是什么呢？纳里克是个爱思索的小伙子，经过仔细的观察和分析，纳里克得出结论，不是自己技术不行，而是理发馆太多。商业区内，大大小小的理发馆就有几十家。如果没有特色服务，顾客肯定不会对你感兴趣。

怎样从困境中寻找生机？纳里克在苦苦思索着。有一天，他观看了一场足球比赛，看到了他的偶像——巴西国家队队长内马尔在球场上帅气地奔跑，突然之间，他的灵感来了。如果在顾客的后脑勺上剪出一张明星脸，会不会大受欢迎呢？

说干就干，纳里克索性闭关修炼，在家研究明星脸的剪发技巧。经过不断摸索，不断改进，他终于掌握了在顾客后脑勺上剪明星脸的程序。一周后，他的理发馆重新开张，门前一张特别的广告吸引了行人，"本店特别奉献，后脑勺上的明星脸，你想尝试一下吗？"

当然，好奇心促使很多顾客走进来，他们想要尝试一下最新最特别的发型。第一个顾客是 15 岁的男孩路易斯，他也是内马尔的铁杆球迷。他给纳里克提供了一张内马尔的肖像，纳里克就根据这张照片，用普通的理发推子在他的后脑勺上剪出了轮廓，这根本不需要任何模板。然后再用刀片修出细节部分，并给头发染上合适的颜色。三个半小时后，纳里克在路易斯的后脑勺上完成了内马尔的脸和巴塞罗那足球俱乐部的标志。从镜子里看到有着神奇图案的后脑勺后，路易斯非常兴奋。他开心地拥抱了一下纳里克，感谢他在自己的头发上完成了一件艺术品。

当天，路易斯就把自己的新发型分享到了网络社区，引来众多

网友的围观和点赞。他们纷纷打听这个特色理发馆的位置，一夜之
间，纳里克和他的理发馆就红遍网络。凭借这项特色服务，纳里克
迎来了生意场上的春天。

　　每天纳里克一开门，就会迎来众多的顾客，他们全都是慕名而
来。纳里克剪一个明星脸发型的收费并不便宜，根据肖像的难易程
度，收费在 26~30 英镑之间。即使如此，顾客们还是心甘情愿排着
长队等待着。除了能剪出内马尔的脸外，纳里克还在顾客的后脑勺
上创作过其他作品，比如美国歌手史诺普·道格和耶稣的肖像，甚
至还有达·芬奇的名作《最后的晚餐》。

　　理发也是一种艺术，越来越多的人对理发产生了兴趣，很多人
前来拜师学艺，在他们心目中，纳里克就是理发行业的明星。面对
源源不断的客流，纳里克打算再开几家分店，把剪明星脸发型的服
务推广出去。因为他知道，你让顾客满意，顾客才会让你满意。只
有有创意地理发，才会财源不断。

# "秀娃"带来的另类财富

马克是美国加州一家科技公司的职员，他工作踏实肯干，深受老板的器重。一年前，公司财务出现严重问题，不得不大量裁员。就这样，马克失业了。

失业让马克大伤脑筋，太太瑞亚为他生了三个女儿，她们才只有几岁，瑞亚不得不把全部精力都放在孩子身上。一家人的生活重担都压在马克身上，这让他感到疲惫不堪。

那天，马克正在电脑上投简历，不经意地向窗外望了一眼，看到妻子正带着孩子们玩玩具，三个孩子有的抱着玩具在跑，有的在和玩具打闹，还有的在和玩具说着悄悄话。她们"咯咯"的笑声感动了马克，他拿起手机悄悄地拍了个微视频，随手把视频发到了02B 的视频网站上。

第二天，马克打开 02B 视频网站，他竟然看到网友的上百条留言，他们纷纷点赞，说这个视频超有爱，让人非常喜欢。马克灵光一闪，能不能把娱乐时间变成钱？他把这个想法告诉了妻子，得到了妻子的大力支持。于是，他们决定在 02B 视频网站上制作一期固定的节目，取名叫"玛雅的快乐时光"，专门用来"秀娃"。

从此，马克和妻子的生活发生了变化。他们给三个孩子买来很多玩具，让她们想玩什么就玩什么。马克又买来一架专业的摄像器材，专门拍摄孩子们玩玩具的快乐画面。"玛雅的快乐时光"节目简单，形式新颖，这里没有明星，没有刻意的表演，角色就是马克的三个孩子，内容就是她们生活中的本真体现。这些视频有一些拍摄的是孩子们玩火车头托马斯玩具，还有一些拍摄的是孩子们骑着超大机动车四处转悠。这些视频都很长，大部分长 12~15 分钟。

马克把拍摄的视频上传之后，每天拥有上百万的点击量和转载量。他粗略统计了一下，仅仅一周时间，视频就有超过 2650 万人次的观看量。因为超高的人气，一些玩具广告公司主动找到马克，希望在他的视频中加载广告。有广告植入视频，这正是马克所希望的，所以，他欣然答应和广告商合作。

一年过去了，马克没有出去找工作，他每天的时间都花在拍摄孩子们游戏上。不可思议的是，他一年的广告收入高达 150 万美元。因为"秀娃"，他付清了房贷，还支付了三个孩子的大学基金。

把娱乐变成钱？这对于那些辛苦工作但薪水微薄的人来说，怎么看都是一种讽刺。一些所谓的社会活动家开始指责马克不务正业，用"秀娃"的方式挣钱是不体面的行为，是在给年轻力壮的男人脸上抹黑。马克不管这些，他只要知道一点就足够了，他的视频大有市场，是深受网友们欢迎的。

　　一位家长留言说，看到马克的视频，他总会回忆起美好的童年。每当工作中有了烦心事，他就会上网看一看"玛雅的快乐时光"，心情就会沉静下来。所以，他对马克表示感谢。还有一位家长说，他的女儿最喜欢看这个视频节目了。每当女儿向他撒娇打搅了他的工作时，他就打开这个视频让女儿看，女儿立马就会被吸引，就会拿出玩具自己玩了。这位家长还说，他的女儿为马克的视频贡献了几百次的点阅量。

　　人生足够复杂，令人头痛的东西也足够多。人们喜欢追求简单的生活方式，追求童年的快乐，家庭的温馨，这一点永远没有错。赚得盆满钵满的马克感到很欣慰，他从来没有想过，"秀娃"能给他带来另类的财富。有时候，人们要的就是这种独一无二的感觉，只要你满足了他们的独特需求，就不愁没有生意。

## 教室里的火锅店

　　韩桐是一个学计算机的大学生，毕业后，他满怀信心地走上了求职之路，并很快找到了工作。不久，韩桐厌倦了这种朝九晚五的生活，他渴望的生活是有激情有创意的。辞职以后，他开过水站，给人洗过车，当过导游，干过旅行社，还做过文化传播，但都没有挣到钱。心情郁闷的韩桐决定先把事业放一放，因为他要结婚了。

　　结婚之后，韩桐手头有了一笔数量可观的份子钱，大约有20万元，他又想到了创业。有一天，他和妻子在北京的老胡同里游玩，突然一块"出租"字样的广告牌进入韩桐的视线。这是一间位于深巷中的旧房子，面积不过十几平方米，因为位置偏僻，广告帖出已经很长时间了，却一直无人理会。

　　韩桐看到广告牌后，灵光一闪，动起了"馊主意"，他走进这间小房子，在里面转了一圈，当即决定要租下来。他感到，自己的机会来了。

　　韩桐很快联系上了房东，租下了这间房子。朋友们知道后都很惊讶，位置这么偏僻的小房子，租下来能干点什么呢？韩桐微微一笑，我要开一家火锅店。什么？在深巷中开火锅店？你是不是疯了？朋友们都不支持。当他征求一些曾经开过餐馆的长辈的意见时，长辈们也纷纷阻拦："孩子，这个主意我不能给你出，我要是帮你就是害了你，这地方太偏，开不了餐馆。"

虽然没有得到大家的理解，韩桐还是信心十足地投入到火锅店的经营之中了。2010 年 5 月，主打"80 后"校园主题的 8 号苑开门营业，店里的整体布局是教室课堂的风格。餐厅布置成一间教室，墙上贴着奖状和列宁、雷锋等名人照片，最前面是一面黑板，上面插着小国旗。"教室"后面是黑板报，用粉笔写满了校规、测验题、课程安排（营业时间），烟灰缸是变形金刚模样的，餐具是"80 后"小时候的搪瓷缸、搪瓷盘等。餐桌也是课桌的模样，中间挖空了放电磁锅，一张桌子配四把椅子，拥挤程度就像临考前一周的教室……

在这里，服务员叫老师，吃饭是上课，菜单是选择题，点菜是交卷，课程安排是营业时间，餐桌是课桌的模样，结账叫交学费，办会员卡叫办学生证。食材昂贵，韩桐卖起了儿时让人嘴馋的鲇鱼火锅、麻辣烫、冰激凌、甜不辣，并给它们取了诸如"奔波儿灞""灞波儿奔""灭火器"这样的趣味绰号。

老话说"开门做生意，来的都是客"，但是这条经商准则在 8 号苑被颠覆了，想来 8 号苑上课，每名学员必须拿出自己的身份证明，只能是 1980 年 1 月 1 日至 1989 年 12 月 31 日之间出生的人，否则会被友好劝退。

　　没想到，这些别出心裁的设计令 8 号苑吸引了不少"80 后"年轻人，他们觉得这里的环境、菜品很有趣，在这里找到了童年的集体生活的感觉。他们把这里当作一个交友娱乐的场所，一个交友的平台，一个线下的 SNS 社区。吃着火锅，看着话剧《我是 80 后》，买着属于自己那个时代的衍生品，自然会回忆起一个时代的温暖。

　　没有经过任何宣传，只凭借食客们的口口相传，这家好玩儿的怀旧火锅店一下子火了。媒体记者也蜂拥而至，关于 8 号苑的报道纷纷出现在各大报纸上，人们无不为这特别的设计和独特的创意拍手称赞。开张以来，8 号苑已开了三家店，每堂课"学员"爆满，拥有 7000 多名会员，一个月保守净赚 20 万元，让许多念着常规"生意经"的餐饮行家大跌眼镜。

　　正是由于绑定了"80 后"这一群体，通过特色文化经营培养了群体的忠诚度，开在深巷中的 8 号苑火锅店才火得一塌糊涂，赚得盆满钵满。很多时候，只需一个创意，我们的人生就会反转。

# 把垃圾卖给可乐公司

2016 年 1 月，两年一度的上海设计展在徐汇滨江开幕。络绎不绝的参观者被一间展厅强烈地震撼了。展厅就像一个小宇宙，每个走进去的人都有点眩晕，就像被闪闪发光的星星包围。谁能想到，这些绝美的灯竟然是用棕榈叶和废弃的饮料瓶编制而成。

黑框眼镜、白衬衫，一副学霸模样，这就是饮料瓶灯的设计者阿尔瓦罗给人们的第一印象。这个聪明的年轻人本来是学商业管理出身的，后来发现自己对设计更感兴趣，又跑去英国中央圣马丁学院学了工业设计。毕业后，他成立了工作室。但做出的作品和其他设计师的没什么不同。

直到一场旅行改变了他对设计的认知。

2011 年，他和一群好哥们儿去哥伦比亚旅行，无意间来到一个村庄。眼前的环境让他彻底无语了，这里的河水污染严重，被随着洋流漂来的塑料瓶占满，垃圾中间夹带着死鱼，远远闻到一股腐烂的味道。生活用的水源被污染，小孩子感染了寄生虫，老人们也因为疾病纷纷离世……

环保问题迫在眉睫，自己能为他们做点什么呢？这一次旅行让他忧心忡忡，夜不能寐。一年后，他独自买了张机票，又回到那个困扰他的地方。这一次，他走到当地人的家里，正巧看到女人们在用棕榈叶编制篮筐。灵感突然而至，能不能把垃圾瓶和编织工艺结合起来，既改善环境，又为当地人带来收益呢？

这应该是个不错的想法，阿尔瓦罗决定试一试。回到住处，他边琢磨边在纸上乱画，连夜画了一堆关于灯的草稿，跑去当地人的家里。看到人就问，能不能帮他编制垃圾。什么？要编制肮脏的垃圾？这个外国人是不是精神病？人们毫不犹豫地拒绝了他。

阿尔瓦罗没有放弃，他一家一家地解释，说自己是在做环保，既能帮他们把垃圾处理掉，又能把他们编东西的手艺发挥出来，同时他们还能得到报酬。并且保证，报酬一定会比单纯编制篮筐要高得多。人们慢慢相信了他的话，答应和他合作。

第一件事，当然是捡塑料瓶。阿尔瓦罗组织了所有的当地人，把漂在水上的矿泉水瓶打捞上来。先让他们根据设计图，把瓶子的下半段剪成匀称的条状，只留瓶头部分用来接灯泡。再让他们用棕榈叶和瓶子编制在一起。在当地人的巧手下，一片片棕榈叶像活了一样，编制出各种不同形状的灯罩。阿尔瓦罗也没闲着，做出和可乐瓶口大小刚好一样的灯口。当灯口装上编织好的灯罩时，一盏简单又有艺术气息的灯就做好了。

这些手工做成的饮料瓶灯，每一盏都带有浓浓的当地特色，颜色清新，花纹质朴，图案丰富，让阿尔瓦罗爱不释手。灯做出来了，要形成完整的销售链才行。谁也没想到，阿尔瓦罗跑去拉赞助的第一家公司，不是别人，就是制造这些垃圾的可口可乐公司。当可口可乐公司的负责人看到这些漂亮的饮料瓶灯时，完全被征服了。当场答应付给阿尔瓦罗一笔可观的费用，感谢他为公司解决了饮料喝完后的废物利用问题。

阿尔瓦罗用这笔钱做了一个专门出售灯的网站，把灯放在网站上，价格最便宜的也要 200 欧元。因为量少又昂贵，让一大批热爱环保又爱艺术品的人，追着阿尔瓦罗买买买，因为稍一犹豫，看中的灯就被别人拍走了。各种大型展览和国际设计周的主办方，也向阿尔瓦罗发出邀请，希望他能带着这些比艺术品更有意义的灯参展。

当地人有了事情做，生活多了很多快乐。为了多挣钱，很多人要到更远的地方去捡饮料瓶。就这样，困扰当地人的垃圾总算有了去处。阿尔瓦罗的故事告诉我们，设计的意义不只是创造，还应该让世界变得更美好。每个人只要做出一点点努力，未来也许会从此改变。

# 只卖半瓶水

　　如果问你一个问题，你会花两元买一瓶水还是半瓶水呢？相信你的回答一定是前者。但你绝对想不到，有一家矿泉水公司以整瓶矿泉水的价格，只卖一半的水给顾客，居然还大受欢迎，销售额非但没有下降，还提升了652%。

　　这到底是怎么回事呢？

　　"生命水"是一个知名的矿泉水品牌，近年来，在激烈的市场竞争下，产品的销售量直线下滑。如何在保持利润不变的情况下，提升产品的营销额，是摆在公司管理者面前的一个难题。

　　又是一年招聘季，"生命水"公司收到很多大学生的简历。最后，有10位大学生进入面试环节。他们需要共同回答一个问题，在不降价的情况下，如何提升产品的销量？10位大学生在紧张的思考之后，分别给出了自己的答案。有的说，抛弃现在自来水纯化后添加矿物质的生产方法，去海拔几千米的高原上寻找优质水源；有的说，把矿泉水的包装制作得再精良一些；还有人主张，多招收一些业务员，沿街铺货去。这些人中，只有约翰的答案与众不同，他竟然建议只卖半瓶水，把节约的半瓶水送给缺水的灾区儿童。

　　约翰的回答让其他应聘者掩嘴而笑，开什么玩笑？只卖半瓶水，怎么可能把产品卖出去？顾客又不是傻瓜。谁也没想到，面试之后，被公司录用的大学生只有约翰一人。

　　原来，公司总经理那天也参加了面试活动，他对约翰的回答很感兴趣。一方面，在日常会议、聚会、闲聊等活动后，经常有人将喝了不到一半的矿泉水丢弃掉。而另一方面，世界上有很多灾区的儿童急需饮用水。有一项调查显示，在一个城市里，人们每天扔掉的矿泉水，加起来相当于缺水地区 80 万儿童的饮用水。约翰的好创意让总经理眼前一亮，为何不尝试一下新的营销方法呢？

　　很快，"生命水"公司发起了一项很新颖的公益活动，主题为"Life water, make life more useful"。他们设计了新的瓶装水包装，每瓶水只装原来的一半，而另一半则捐给那些缺水地区的儿童，让生命延续。他们共设计了 7 款缺水地区孩子形象的包装，把这些形象印在装有半瓶水的瓶子身上。这些包装设计简约，除了孩子的形象，在瓶身另一侧还有二维码，大家可以通过扫二维码关注缺水地区的儿童。为此，公司改变了旗下 15 家工厂 45 组装配生产线，每天生产 5000 万半瓶的矿泉水，销往 7 万家超市和便利店。

　　说实话，实行这项公益营销也不过是一种大胆的尝试，效果如何，谁的心里也没底。毕竟，顾客花了同样的钱，却只喝到半瓶水，他们愿意接受这种看上去很吃亏的产品吗？

没想到，这些瓶装水一经推出便得到了多方关注和支持，很多消费者都愿意用买一瓶水的钱去买半瓶水。大家觉得，只要买一瓶矿泉水，就等于参与了这一公益活动，新颖又有意义。"生命水"的此次活动获得了超过 30 万人的持续关注，300 家媒体的争相报道，缺水地区 53 万个儿童收到了捐助，同时生命水的销量增加了652％！

明明可以靠品质说话，却偏偏靠公益出彩！不管是对"生命水"本身而言，还是对社会，都有收益，这样的营销方案值得推广。

# "坏蛋"理发店

在荷兰的鹿特丹市，有一家远近闻名的"坏蛋"理发店。每天早上 7 点，理发店前就排起了长队。不少外地人慕名而来，即使在坐了三四个小时火车后再在这里等到 11 点，他们也毫无怨言。因为没有预约服务，所以排队是唯一能享受到理发店服务的方式。

理发店的门面不大，装修风格简约而有复古气息。这里是男人的专属空间，女士免进。店里提供啤酒或者威士忌，还有现场的摇滚 band，架子上有最新的《花花公子》，空气中永远弥漫着酒精、香烟和发油混合的味道，连给顾客喷湿头发用的喷壶都是拿酒瓶直接改的。

对第一次光临的顾客来说，进店需要勇气。正如店名"Schorem"的意思"坏蛋"一样，那些理发师看上去让人望而生畏。满室的花臂大汉，不苟言笑的表情，就像进了黑帮的堂口。在这个卧虎藏龙之地，他们之前有的是穷困潦倒的仓库看门人，有的是游走在犯罪边缘的迷途剪刀手。但现在，他们是认真工作的超炫理发师，他们有一个共同的信念，理发是一门值得用一生去追求的手艺。

除了摇滚文化，理发店还有很多特有的规矩，做生意的方式称得上刁钻。理发师没有多余的废话，也不会给你整出非主流、杀马特等时尚发型。10 种经典油头发型画成海报贴在墙上，每一个海报模特都是之前的顾客。客人只要抬手一指，理发师就能心领神会。除了油头以外，一律不剪。他们使用最传统的剃刀，用经典对抗潮流。

"坏蛋"理发店的老板是两个年轻人，布鲁斯和利恩，眼见理发这门手艺的厚重文化一天天被花哨的潮流削弱，他们痛彻心扉。他们想变得不一样，想让曾经的生活方式再现，想让别人听见自己的声音。一个共同的想法让他们走到了一起。2011 年，他们合伙开了这家"坏蛋"理发店。

一群混混，用他们的生活方式开起了这家特立独行的店。越来越多的客人，从世界各地赶过来。老爷们是顾客，小孩子也喜欢来这里脱胎换骨。有个生重病坐轮椅的孩子，在去世前几天终于来到心心念念的"坏蛋"理发店，感受了一下大油头，然后心满意足地离开人世。无数嬉皮士艺术家，将自己的长辫子留在了这里。在泰国和日本，不少人受"坏蛋"理发店的启发，也开了家回归手艺的理发店。渐渐成为文化标志的 Schorem，甚至还卖起了自家的周边产品，T 恤、发油、教学 DVD、海报……生意红火，大赚了一把。

弗罗斯特在《未选择的路》中说："林子里出现了两条路，我选择了人迹罕至的那条，而它决定了我的一生。"在同行眼中，"坏蛋"理发店也许是不合潮流的，但他们却是自己生命成功的经营者。很多时候，脱离秩序并不意味着一定会被社会规则淘汰，恰恰相反，会因为鲜明的个性更容易获得成功。

## 人类书籍：真人图书馆

在瑞典南部地区，有一家远近闻名的马尔默图书馆。它和一般图书馆的最大区别是，没有一本藏书，而是一座真人图书馆。他们向读者提供的服务是，只出借活生生的人，不借安安静静的书。读者不需要花费任何费用，也不必办理借书证，只要在书单中任意选择一个目录，就会借阅到一个有故事的人和你面对面交谈。地点可以在图书馆，也可以是咖啡店。上架的图书都是志愿者，流浪汉、记者、教徒、球迷、女消防员、警察等，这些人有一个共同的名字，叫人类书籍。

一个大学生来到图书馆，他借阅了一本编号为002的"图书"。这本"书"讲的是一位青年人的创业故事。他是一名舞台演员。他与借阅者分享的是他从10岁开始表演魔术和设计魔术的经历。该"图书"自我介绍道："不要以为会变魔术的都是懂魔术的，不要以为揭秘魔术的都是了解魔术的，只有热爱才能专注。"大学生看完此"书"后，大受启发，决定与"图书"做进一步沟通。

一个小姑娘借阅的"图书"是一位流浪汉，他虽然衣服肮脏，头发凌乱，但思维敏捷，谈吐幽默。他说："我常年住在大街上，头上没有屋顶，住处没有厕所和厨房。但是，这么多年，我活得很好，这要感谢大家对我无私的帮助，我欠了别人太多太多，这个债我永远还不清。"小姑娘看完"图书"，意犹未尽。她在思考，什么才是真正的感恩。

借人图书馆的理念是："我们每个人的经历本身就是一本书。通过把有不同人生经历的人聚到一起，以面对面沟通的形式来完成阅读。"人们获得知识的途径，突然从常规的"读书"跳跃到直接的"阅人"，这种服务你在其他地方无法得到。正因为这一点，借人图书馆深受年轻人喜欢。

想知道借人图书馆的创始人吗？他叫鲁尼·艾伯格。21世纪初，在丹麦的哥本哈根，他和其他四个年轻人创立了一个组织，名叫"停止暴力组织"，宗旨是反暴力，鼓励对话，消除偏见。2000年7月，该组织受到丹麦罗斯基德音乐节邀请，举办了一次活动，叫作"真人图书馆"，即现场出借75名真人与观众互动，是知识传承与文明交流回归的尝试。该活动成了音乐节上的最大亮点，受到观众的热烈欢迎。此后，借人图书馆这一全新的概念在欧洲流行开来。渐渐地，鲁尼·艾伯格在丹麦、匈牙利、芬兰、冰岛、加拿大、日本、巴西等近70个国家和地区，建立了借人图书馆。

周末到了，很多年轻人又来到马尔默图书馆。一个名叫约翰的小伙子选择了自己感兴趣的一个目录，马上有一位头发花白的老者走了上来:"你好，欢迎你借阅我。"接下来的 30 分钟，这位老者开始讲述自己的人生经历，从少年到青年，从壮年到老年，鲜活的事迹，真实的经历，让约翰非常震惊。他听了一个故事，引发了内心深处的共鸣，这种体验远比读书来得精彩。

　　人生就是一本浩瀚的书，每个人都有自己的故事。你愿意借阅这样一本"书"吗？或者自己成为一本"书"，供别人借阅？阅读他人的人生，也在思考自己的人生。从某种程度上说，借人图书馆不仅让读者获取了知识，同时也消除了不同群体之间的歧视，增强了人们的互动感。

第六辑

心中有爱，
就有勇气与坚强

爱是世界上最美的语言，善，是社会最朴素的情感。

只要有温暖的春风吹来，枯草也会心藏春天。

对一个年轻人来说，善和爱才是成功的基石，

它让你拥有对未来无限的勇气，坚守着内心独有的铿锵。

有了软肋，才有了盔甲。一拨一拨的好人，撑起这个世界的澄澈。

# 飘向天堂的红气球

再有一个月，汤米就要退休了，晚上值班时，汤米抚摸着用了35年的办公桌，心中充满不舍和留恋。

突然，电话响了。汤米拿起电话，习惯性地问道："喂，你好，我是汤米警官，请问您有什么事？"电话那端是一阵沉默。

汤米只好又问了一次，这一次他听到一个孩子稚嫩的声音："我叫杰瑞，我要找妈妈。"汤米笑了，果然是个调皮的小孩，竟然到警察局找妈妈。他饶有兴趣地问："你几岁了？你妈妈呢？"

杰瑞回答："我五岁了，我想妈妈，她在天堂。几天前，她去了医院，临走的时候，她让我在家里等她。她有很多颜色的围巾，出门的时候会戴上，她很漂亮，我很想她。"

汤米明白了，五岁的杰瑞忍不住对妈妈的思念，所以天真地拨通了警察局的热线。他要想个办法，来安慰可怜的杰瑞。汤米捂住话筒，陷入了沉思。

电话里，杰瑞的声音很难过，好像要哭了。他继续告诉汤米，他的腿有点疼，爸爸出门了。过去妈妈在的时候，经常帮他揉腿，嘴里还哼着儿歌。

汤米努力地思考，终于想到了一个办法。

"杰瑞，你听我的话，去找一面镜子来，"电话里他听到小孩走动的声音，然后他说，"你注意看自己，眼睛是不是长得像妈妈？鼻子是不是长得像爸爸？你看，他们都很爱你，所以在你身上做了记号。所以，你一定要坚强，孩子。明天你去买一些红气球，把想对妈妈说的话写在卡片上，绑在红气球上，因为它们会飘向天堂，会带给你的妈妈。现在你该上床睡觉了，孩子。"杰瑞显然相信了，他愉快地对汤米说："谢谢你，汤米警官。"

一周后，汤米几乎忘记了这件事。有一天，他办公室的电话又响了，还是杰瑞打来的。这一次，杰瑞有点伤心和生气，因为他发现汤米好像在骗他，他的妈妈好像没有收到他的卡片。原来，杰瑞让爸爸买了一些红气球，每天都把心里话写在卡片上，把卡片绑在红气球上带给天堂的妈妈。他告诉妈妈，自己很乖，社会科作业还得了个 A，他很想让妈妈抱抱他。他每天都给妈妈写信，可是妈妈一直都没有回复。

汤米意识到杰瑞的问题并不简单，他想了想，继续安慰杰瑞："亲爱的杰瑞，你妈妈可能旅行去了，你应该继续给她写信，我想她一定会收到。"杰瑞将信将疑地说："好吧，我试试看。"

汤米觉得，应该为杰瑞做点什么。过了几天，他带着警察局的同事们，骑着威风的摩托车来到杰瑞的家门前，每辆摩托车上，都系着一大堆红气球。汤米把这些红气球都送给了杰瑞，告诉他："你的妈妈已经收到你的信了，她非常高兴，但她一时不能回来。她让我告诉你，别停止写信，她特别渴望看到它们。"

杰瑞兴奋地接过气球，脸上洋溢着快乐的笑容。

汤米牵挂着每天给天堂的妈妈写信的杰瑞。他专门去了杰瑞的学校，见到了杰瑞的老师，还查看了杰瑞的绘画作业。杰瑞画了一幅画，画的是他的妈妈。汤米又到玩具超市，为杰瑞精心挑选了一辆小汽车。他把小汽车偷偷地放在了杰瑞的家门前，在玩具上插了一张卡片，他以妈妈的口吻写着："我亲爱的杰瑞，我好高兴，你把我的眼睛画得太漂亮了。我日夜都在思念你，思念咱们的小镇。别忘了给我写信，你的红气球我很喜欢。妈咪。"

这是一个真实的故事，警官汤米在退休之前，用最暖心的方式安慰小男孩杰瑞，让这个失去了妈妈的孩子在充盈的爱意中健康成长。

# 和上帝重归于好

　　她永远忘不了 1972 年，那年她刚 9 岁。她更忘不了那一年的 6 月 8 日，那是她从死亡边缘上逃过一劫的一天。

　　越南战争还没有结束，她和家人躲在寺庙里，听到美国飞机在头顶盘旋，就急忙跑出去躲避轰炸。就在这时，飞机投下的凝固汽油弹在寺庙各处爆炸，点燃了她的衣服。她张开双臂，痛得放声尖叫。强烈的灼热和极度的疼痛，使她脱下燃烧的衣服，哭喊着奔逃。

　　不远处，时年 21 岁的美联社越籍摄影记者黄功吾看到这一幕，本能地按下快门，拍下了后来举世闻名的新闻照片《战火中的女孩》。待她跑近后，记者才看清楚，她脱掉衣服是为了阻止身体燃烧。她的脖子、后背大部分和左臂等部位已经被烧焦，部分皮肤正在脱落。记者急忙用自己的汽车把她和另外几个受伤的孩子送往医院。

　　她烧伤得很严重，几乎不可能存活。她在医院待了一年多，接受了十多次植皮手术，她的身体才慢慢复原。但是她身上超过一半的皮肤三度烧伤，尤其是背部、颈部和手臂，疤痕和痛苦将伴随她一生。然而，比身体伤痕更难复原的，是精神上的创伤。

她不知道，在她和死神搏斗期间，她早已因为一张照片而出名。黄功吾拍摄的《战火中的女孩》很快被刊登在美国《纽约时报》的头版上，一下子成了轰动一时的话题。该照片把战争对无辜平民的残酷伤害呈现在世人面前，它掀起了美国乃至全球的反战浪潮，她也因此成为反战标志之一。不久，越战宣告结束，人们说，是这张照片促使越战提前半年结束。

随着年龄的增长，她对这张照片的讨厌程度越来越深。无论出于什么理由，正面裸体照毕竟是不光彩的。她为记者抓拍的那个瞬间感到尴尬痛苦，也反感围绕它的那些宣传。她心绪难宁，想要"消失"，甚至想到过死。她痛恨这场战争，痛恨那个扔下燃烧弹的美国士兵。如果找到他，她一定会打死他。

长大后的她被送进医学院，后到古巴学习，在那里，她认识了未来的丈夫。结婚后，她跟随丈夫到了加拿大，在一个新的国度里，她决定忘掉过去痛苦的记忆，开始新的生活。但是西方新的、富裕的生活无法消除她的痛苦，肉体的疼痛、心灵的创伤依然伴随着她。她经常在半夜被噩梦惊醒，大喊大叫，痛苦不堪。

后来，她信了基督，学习消除心中的仇恨与哀怨，学会宽恕。这是一个艰难的过程。经过多年内心挣扎后，她最终选择"原谅"，那一刻如释重负。她说："耶稣用他神圣的爱接纳我成为他的孩子，赦免了我全部的罪。我不必再为我的一切过错而在上帝面前感到害怕，我可以和上帝重归于好，和他生活在天上。我还有什么要耿耿于怀的呢？"

当她能够宽恕的时候，她也开始拥有一个自由的生命。1997年，她成了联合国教科文组织的亲善大使和"金福国际基金会"创办者，积极投身到反战的行列中。她每年去世界各地讲述自己的故事，让人们意识到战争的残忍。她的基金会为战争遗孤建造医院、学校等。同时，她开始感激当年那张照片，她能够用那张照片为和平努力。

有一次，她应邀参加在华盛顿特区举行的集会，在美国越战纪念碑前，她向数千名参加过那一场战争，伤害过她和她的同胞的退伍老兵发表演说。她说："如果我可以和那个投下了燃烧弹的飞行员面对面地对话，我会告诉他，我们不能改变历史，但是我们应尝试着为未来做一些好的事情，以促进将来的和平。"这时，人群中突然走出来一个人，他叫约翰·普拉默，是一位牧师。他跪在她的脚下，痛哭失声。

原来，在越战中他是美国空军的直升机飞行员，1972年6月8日，下令向她的村庄投掷燃烧弹的人就是他，那一年他24岁。他痛哭失声，请求她的原谅。在执行完那次任务以后，他看到了那张照片，从此，整整24年，他深陷在痛苦和惊恐中不能自拔，良心一直遭受谴责。

　　她用伤痕累累的手臂抱着这个大男人，一句一句地安慰："没关系了，我原谅你……"她还主动要求和他合影，一个在战争中受到巨大伤害的无辜越南女孩，与对她造成巨大伤害的前美军飞行员，面带微笑，紧紧地靠在一起……

　　她叫金福，照片《战火中的女孩》的主人公，一个选择和上帝重归于好的女人，她非常美丽。

## 一双鞋的全球征集帖

　　近日，一条微博引发网络热潮，网友"最后一公里"发布了一条信息，是一则"全球征鞋帖"，帖子的内容是，新疆和田的一位农民叫胡杜尤木，长了一双56码的大脚。因为买不到合适的鞋穿，他只好常年打赤脚，请大家帮忙为他找一双合适的鞋。

　　原来，新疆农民胡杜尤木是当地出了名的"大脚哥"，他一直为自己的大脚而苦恼，因为尺码过大，20年来，他始终买不到合适的鞋穿。平日里，他就穿着塑料拖鞋干农活儿，半截脚都悬在外面。到了冬天，他只能躲在家里不出门。脚大给他的生活带来很多不便。因为脚大，他还产生了自卑情绪，见了人就想躲开，生怕别人注意他的大脚。一个偶然的机会，网友"最后一公里"了解到他的苦恼，于是就发布了这个帖子，在全球为他征集鞋子。

　　就像一颗石子扔进平静的湖里，网友们的爱心瞬间被点燃，在网络上荡起圈圈涟漪。为了给"大脚哥"找鞋，全国各地乃至大洋彼岸的许多网友开始寻朋友、找鞋厂，千方百计在为找一双大鞋而努力。

　　北京网友"皇城根"看到帖子后，就马上到各大商场为胡杜尤木找鞋。他觉得胡杜尤木生长在农村，一生没走出过和田县，是因为生活范围小，才没有发现适合自己的鞋。"皇城根"坚信，在北京的大商场下功夫寻找，一定会为胡杜尤木找到合适的鞋。"皇城根"放弃周末休息时间，连续两天马不停蹄地逛商场、看超市，累得腰酸腿疼，可最终也没有找到56码的鞋，他发现最大的鞋子只有50码。

　　既然大商场里没有合适的鞋，那么一些体育用品店有没有呢？或许为运动员做的鞋有大号的呢？网友"欲语还休"就在李宁体育用品公司工作，她在网上看到"征鞋帖"后，马上和供应商联系，几乎打遍了所有供应商的电话，终于找到一双55码的鞋。她第一时间通过快递寄到和田，鞋子小了一码，不知道胡杜尤木能不能穿，如果不能穿，她再想办法。

　　还有很多人在为胡杜尤木的鞋子而操心。网友"芳芳"是河北的一位老师，她看到胡杜尤木因为脚大没鞋穿很是心疼，她想到乡下的奶奶会做千层底布鞋，于是，她专门找个时间回到乡下老家，给奶奶讲了胡杜尤木的故事，求奶奶为胡杜尤木做两双千层底布鞋。奶奶一口答应了，在家里开始为做鞋做起了准备。

　　胡杜尤木的鞋子还牵动着很多国外华人的心。在墨西哥工作的华为公司员工魏世光、旅美新疆人沙拉买提都给网友"最后一公里"打来电话，说会尽快在国外找到56码的鞋寄回国内。

　　没想到，"征鞋帖"引起了那么多人的关注，网友"最后一公里"的电话几乎被打爆了，其中不乏很多鞋厂的负责人。他们说，让一个人没有合适的鞋穿，这是鞋厂的耻辱。重庆市一家制鞋厂负责人代俊士看到消息后，主动联系网友"最后一公里"，表示愿意为胡杜尤木免费做鞋，而且为他免费做一辈子的鞋，"我们就是做鞋的，咋能让人没有鞋穿呢。"

　　说了就要做，代俊士亲自设计鞋子的样式，号召工人在最短的时间内为胡杜尤木做鞋。经过赶制，他为胡杜尤木"私人定制"了4双56码"巨鞋"，一只鞋就有3千克左右，连鞋底都是用牛皮做的。他专程从重庆赶到新疆和田，又亲手为胡杜尤木穿上。鞋穿在胡杜尤木脚上，不大不小正合适。胡杜尤木高兴极了，他终于能够穿上合适的新鞋下地干活儿了。

　　有了新鞋穿，胡杜尤木很开心，他再也不自卑了，每天穿着新鞋下地干活儿，还主动和村里人说说笑笑。这么多好心人为他找鞋，他很激动也很感谢。他委托网友"最后一公里"再发一条微博，他要对大家的爱心表示感谢。

　　春天最美，爱心最重，一场为"大脚哥"找鞋的忙碌，让这个社会充满温情和关爱。在心灵受到洗礼的同时，我在想，"只要人人都献出一点爱，世界将变成美好的人间。"

# 朋友圈里的生命救助

"产妇羊水栓塞，生命垂危，情况紧急！求 AB 血型的市民紧急献血救助！"2015 年 8 月 7 日下午 5 点，一条来自济南市血液供保中心的消息，在朋友圈大量转发，引爆了整个泉城的爱心。得到消息的爱心人士纷纷前往，伸出手臂，用自己的血液为这名产妇续命。

这名 29 岁的产妇来自吉林，这一胎是她的第二个孩子。因为第一个孩子是剖宫产，她是疤痕子宫。上午，她的胎膜早破且出现宫缩症状，检测发现胎儿的胎心不大好，医生开始手术。切开子宫后，产妇很快感觉恶心、头晕，接着意识丧失、呼吸也停止了。医生赶紧为她进行气管插管，情况才有所好转。紧接着，产妇又出现大出血，且出血凶猛，根本止不住，整个创面都在出血，产妇口鼻都开始往外冒血……这是典型的羊水栓塞症状，这种症状，死亡率极高！

赶紧输血！病情严重，医生马上展开抢救，为产妇输了约 1 万余毫升的血液与血液制品，病情仍未见好转。此时，血液库存紧张，已经无法再供应 AB 型血液了。生命危在旦夕，产妇的家人快要急疯了。尤其是产妇的丈夫一下子跪在地上，哭喊着让医生无论如何要救救媳妇和孩子。这悲情的一幕让人动容，一边的护士小高忽然灵机一动，想起了万能的朋友圈。她马上发了一条消息，抱着试试看的想法，希望借助本地网友的力量挽救产妇的生命。

消息在朋友圈快速传播着，看到消息的爱心人士马上行动起来。有的给血液供保中心打电话报名，有的急匆匆赶往血液供保中心。晚饭前后，已经过了下班高峰期，车辆不多，却因为大家都来献血而造成了交通拥堵。血液供保中心门前的经六路已经走不动了，交警赶到了现场，维持了交通秩序。血液供保中心门口的献血屋里人满了，排到了大街上。因为献血人多，血液中心不得不再调3辆采血车来。

在这壮观的献血场面中，有建筑工人、有遛弯的大爷、有白领女士，甚至还有待产的孕妇。一群穿工装的市民刚献完血从采血车上下来，他们是同一家公司的员工，"看到同事在朋友圈里转发的消息，公司里几个 AB 型血的同事就直接从单位一起过来了，来了四五个人，还有个同事的老公是 AB 型血，她也叫她老公一起过来献血了。"

第二辆献血车旁，一位女士正在捂着胳膊喝牛奶："看到消息，我老公骑着自行车带着我就赶过来了。过来献了 300 毫升血，本来要献 400 毫升的，工作人员说我体质太弱，不能多献了。"这位女士家住在西市场，仅用了 20 多分钟就赶到了经六路的献血站。

"一听说是一位产妇，就赶紧过来了。一个产妇，我们能帮一把是一把。我陪我老公来献血的，他献了 400 毫升。"抱着孩子的金女士说，"我孩子才一岁多，我现在刚怀了二胎，我和我老公之前看到有外地的产妇得了羊水栓塞去世的，而且我也怀着孕，我老公就说过来献点血吧，我们就带着孩子过来了。"金女士家住在肿瘤医院附近，单趟半个多小时的车程，来了之后没处停车，转了一大圈才把车停下。

据统计，短短几个小时，打电话报名的市民有 800 多人，来了近 160 人，其中有 87 人是 AB 型血，平均每人献血 300 毫升左右。在市民献血的同时，医生也在奋力抢救中。济南最好的妇产科医生来了，她为产妇实施了子宫全切手术。晚 8 时许，经过医护人员的抢救和众位市民的爱心接力，产妇的病情趋于稳定，转移到重症监护室。

病床前，看着死里逃生的妻子，丈夫流下了激动的泪水。他拉着妻子的手，再也不想松开。再看看另一张小床上的宝贝儿子，他高兴得不知道说什么好。他委托护士小高，再发一条感谢的消息，感谢泉城网友们的热心帮助。随后，网友们也在分享这家人的喜悦，知道母子平安，大家心里都轻松了许多。

　　为了一条朋友圈里的生命求助，几百人加入了献血的队伍。为了挽救年轻的生命，他们义无反顾。爱，是世界上最美的语言；善，是社会里最朴素的情感。为正能量，加油。

# 捡垃圾的美国市长

　　麦金斯住在曼利厄斯市的一个旧小区里，他在这里已经住了 10 年。最近，小区里搬来一个新住户保罗，引起了麦金斯的兴趣。每天早晨，他都会在小区门口遇到保罗，麦金斯就会主动打招呼："你好，保罗先生。"保罗也会礼貌地回应："你好，先生。"然后，他们互相微微一笑，擦肩而过。

　　虽然保罗先生叫不上自己的名字，但麦金斯仍然觉得很自豪，有一位当市长的邻居，这份荣耀不是每个人都有的。何况，这是一位颇有建树的市长，无论教育问题，还是医疗及福利待遇，每件事都处理得恰到好处，深得人心。

　　一天晚上，麦金斯到楼下倒垃圾，他没有把垃圾分类，就把一些易拉罐和饮料瓶放进了门口蓝色垃圾箱内。虽然这些易拉罐和饮料瓶是可以卖钱的，大概一个瓶子能卖 5 美分，但他不愿意为了这点小钱跑更远的路。因为刚和老婆吵了两句，他并没有马上上楼，而是躲在树丛中的石凳上，想一个人静一静。就在这时，一个身材高大的人来到他家的蓝色垃圾箱前，看看四周无人，就伸手从他家的垃圾箱里捡出了那些易拉罐和饮料瓶。这个可恶的家伙，怎么可以偷别人家的垃圾卖钱呢？麦金斯刚想上去制止那个家伙，但又停下了脚步，借着淡淡的月光，麦金斯惊讶地发现，这个人竟然是尊敬的市长保罗先生。

市长怎么会偷别人家的垃圾呢？难道他有什么难言之隐？虽然麦金斯对市长颇有好感，但他还是决定向警局报警。根据纽约州法律，偷他人放在蓝色垃圾箱里的可回收垃圾是一种违法行为。知道市长犯法，他作为公民，是不能包庇的。

接到报警后，警局就此事展开了调查，随后，法院向保罗下达了传票。几天后，曼利厄斯市法院公开审理了此案，保罗不得不出庭为自己作证。保罗否认了对自己的指控，他觉得非常委屈。自己明明是在"捡"垃圾，而不是在"偷"垃圾。他捡垃圾的时候，并没有特意伪装自己，也没有避讳人，而是正大光明的。麦金斯不认同保罗的说法，他觉得自己应该"最大限度地执行法律"。最终，法院判处被告罚款 250 美元，并拘禁 15 天。

这个结果出来之后，在当地引起了轩然大波。有人可怜保罗，市民吉尔伯特说，我理解他的行为，他毕竟也要生活。保罗的律师大呼冤枉，说麦金斯为了这点小事就提起控诉，这背后一定隐藏着什么政治目的。当然，也有人不认同保罗的做法，市民麦克说，真是搞笑，保罗浪费了政府的钱和时间，别说人家指责他是出于政治目的，他的行为很明显是不务正业。

　　保罗的街坊邻居纷纷为他求情。在他们眼中，保罗是个好人，在市长的位置上做了许多好事。而且，他们还了解到保罗捡垃圾背后的隐情。保罗是个小商人，市长不过是兼职，年薪只有象征性的六七千美元。最近他生意亏了本，妻子失业已经两年多了，一对儿女还在念书，爱犬也得了急性肺炎，需要一大笔治疗费用。保罗实在没有办法，才想捡点垃圾贴补家用。

　　法院又开了一次庭，了解到保罗的隐情后，庭审现场一片唏嘘。最终，法院宣布被告的做法虽然违法，但情有可原，于是，保罗被释放。

　　保罗为自己的行为向民众道歉。他说，没有规矩，不成方圆，自由都是建立在规矩的基础上的，作为市长也不能例外。他很感谢曼利厄斯市的居民，因为"他们在这些事情发生之后给了我很大的帮助与鼓励，今后我仍将每天为大家服务，就如大家现在帮我一样。"不久，保罗收到一笔捐款，信的末尾，画着一个可爱的饮料瓶。保罗知道这笔捐款的主人是谁。

　　清晨，太阳还是那么美好，麦金斯在小区门口遇到正要上班的保罗，他微笑着站住了，"嗨，保罗先生，你好。"保罗摘下帽子，深深地鞠了一躬："我亲爱的麦金斯，你好。"两个人微微一笑，然后擦肩而过。

## 给有梦的孩子一辆脚踏车

2013 年 2 月 4 日，是世界癌症日。这一天，巴萨的一些球员来到圣胡安医院看望患病儿童。在一间病房里，他们见到了 10 岁的米克尔，米克尔身体虚弱，脸色苍白，正在专注地翻看足球杂志，封面上是哈维的照片。

米克尔看到巴萨球员走进病房，眼睛马上亮了起来，他在人群中搜寻偶像哈维——这个继瓜迪奥拉之后巴萨新的灵魂的身影。随后，他感到失望，因为哈维没来。球员们临走时，米克尔用虚弱的声音拜托他们给哈维带个口信，希望哈维能满足自己的梦想，那就是送给自己一个有他签名的足球。

队友们向哈维转达了这个特殊的口信，哈维听后心里很难过。他能理解，一个有梦的孩子，假如梦想不能实现会多么痛苦。于是他下决心一定要满足米克尔的愿望，送给他一个最有意义的足球。

接下来，哈维频繁参加一系列比赛。周二，巴黎，巴萨对阵圣日耳曼队，这是哈维第 150 场欧战赛事。一场激烈的比赛开始了，双方实力相当，打成平手。当梅西离场后，哈维勇敢地站了出来，他冷静地罚进了一个点球，从而帮助本队领先。哈维在巴黎罚进的这个点球具有里程碑意义，自从 1998 年完成首秀以来，这是他为巴萨罚进的首个点球。全场观众都为哈维出色的表现而欢呼。

一天，米克尔所在的医院接到一个电话，电话是哈维打来的，他希望医院能配合他给米克尔一个惊喜，院长答应了哈维的请求。

一星期后，米克尔躺在病床上百无聊赖，还在回味刚才的梦，在梦中他正在和偶像哈维一起踢球。门被推开了，一个穿着白大褂戴着口罩的"医生"走了进来，也许是例行检查吧，米克尔随意瞟了他一眼，并没有放在心上。"医生"轻轻喊了一声米克尔，然后变戏法一样从身后拿出一个足球，顺便摘下了口罩。噢，上帝，原来是自己的偶像哈维来了。米克尔惊呆了，他揉揉眼睛，不敢相信这是真的。哈维走近病床，摸了摸米克尔的头，郑重地把这个有纪念意义的进球献给了米克尔。摸头的意义是友好、安慰和鼓励，哈维用这种方式鼓励米克尔战胜病魔。

当晚，电台向人们讲述了这个感人的故事。很多人都在猜测，为什么哈维要大费周折满足米克尔的心愿呢？在一次新闻发布会上，有记者问起了哈维这件事情。

哈维沉默了一会儿，回答说："在我很小的时候，最大的梦想是拥有一辆脚踏车，于是我瞒着家人参加了一次脚踏车拍卖会。我总是以 5 美元出价，然后眼睁睁地看着别人以 30 美元或 40 美元把脚踏车买去。主持人注意到我，他了解了我的梦想，也知道我只有 5 美元。当最后一辆漂亮的脚踏车出现时，主持人停止唱价，所有人也停止喊价，它顺理成章归我所有。他们说，孩子的梦想值得尊重，给有梦想的孩子一辆脚踏车比他们自己拥有要快乐得多。今天，我献给米克尔一个进球，就是同样的理由。"

　　给有梦想的孩子一辆脚踏车。这句话引起了所有人的共鸣，人们在赞扬哈维精湛球技的同时，更赞赏他对孩子的爱。

# 比尔·盖茨的奶牛

今天，对于雷切尔来说，是个特别的日子，不能和父母一起庆祝，多少有点遗憾。但很快，她就因一份期待而快乐起来，因为，她会得到一份陌生人神秘的生日礼物。

一个月前，雷切尔在一个社交网站上认识了比尔，巧合的是，他们的生日竟然是同一天。比尔给雷切尔的印象，是一个友好而可怜的小伙伴。他向雷切尔倾诉内心的苦恼，忧伤得像一只迷途的羊羔。他说他的母亲已经去世了，他经常会因为想念母亲而感到孤单。雷切尔经常安慰比尔，像个姐姐一般开导他。他们相约，等到生日那一天，要交换生日礼物，给对方一份惊喜。

雷切尔是一名穷大学生，虽然她很想给比尔准备一份像样的生日礼物，但苦于没钱，她只能从日常用品中挑选了几样，都是寒酸的地摊货，指甲油、化妆品和一些亮闪闪的东西。这些东西对比尔毫无用处，她只想证明，比尔有一个关心着他的朋友，在这个世界上他不会孤单。

比尔会送给自己什么生日礼物呢？雷切尔很想知道这一点。她怀揣着这个秘密，心不在焉地上完了一节选修课。回到宿舍，果然有一个神秘的包裹在等着她，不用说，这一定是比尔寄来的。雷切尔笑了，比尔曾经问过她，想要什么生日礼物。她开玩笑说，如果有诚意，就送给我一头奶牛吧。比尔答应了，不会真的是一头奶牛吧？雷切尔被这个天真的想法逗笑了。

雷切尔满怀期待地打开了包裹，看到的第一件礼物是一只毛绒玩具，样子怪怪的小熊。虽然不知道它为什么出现在包裹里，雷切尔还是很兴奋，把它和其他可爱的布偶放在了一起。她看到的第二件礼物是一本关于旅行的书，雷切尔喜欢旅行，她郑重地把书放在床头。第三件礼物让她彻底惊呆了，天哪，果然是一头奶牛！

第三件礼物是一张慈善卡，果然是一头奶牛，以雷切尔的名义捐赠给某个家庭，它将通过"国际小母牛"这个非营利组织捐赠出去，以帮助那个家庭增加收入，获得一些乳制品；授之以渔，帮助他们靠自己走出困境。雷切尔迷惑了，这个比尔到底是个什么人呢？他真的以特别的方式送给自己一头奶牛。

这个谜底很快浮出了水面。雷切尔看到了一张照片，照片上的那个男人正拿着精心挑选的礼物对她微笑。她一眼认出了他，竟然是亿万富翁，微软的创始人比尔·盖茨。毫无疑问，所有的礼物都来自于他，自己崇拜的名人比尔·盖茨。

雷切尔不相信自己的眼睛，怎么可能？那个可怜的比尔，迷途羔羊般的比尔，竟然会是大名鼎鼎的比尔·盖茨？自己和他交上了朋友？他还给自己寄送生日礼物？自己都做了些什么啊，还给他寄那些可笑的指甲油和化妆品？这真是一个笑话，雷切尔瞬间羞红了脸。她想知道到底发生了什么。

雷切尔抑制住心跳，又打开了一张卡片。卡片上是潇洒的笔迹："亲爱的雷切尔，如你所愿，我送给你的生日礼物是一头奶牛，别担心，你不需要去弄出一个畜棚来。那头牛将会通过'国际小母牛'组织，以你的名义捐给某个需要它的家庭。"卡片最后是"生日快乐"的祝福语和比尔·盖茨的签名。

真是善解人意，对雷切尔来说，不需要准备畜棚真是太好了，她确实没有那玩意儿。这份奶牛的生日礼物她非常喜欢，她目前正在学习教育学，对教育问题比较关心。设想一下，以她的名义给某个家庭捐赠母牛，或许会给那个家庭的孩子提供一个教育机会呢？这真是一件很有意义的事情。

比尔·盖茨的奶牛，这份特别的生日礼物，它的意义非同凡响，雷切尔想把自己的幸福和大家分享。当天晚上，她把自己和比尔·盖茨交换生日礼物的事情传到了网上，在帖子里，雷切尔对比尔·盖茨表示了感谢。她写道："非常感谢您为我挑选的这些有意义的礼物！我很感激您花时间为我挑选了这些适合我的礼物。"

雷切尔的帖子引起了网友极大的关注，他们纷纷转发，短短几小时，就被转发了几万次。随后，一些新闻媒体也介入了对这件事的报道。记者感兴趣的是，盖茨为什么要送给雷切尔一头奶牛。比尔·盖茨的发言人说，因为爱。雷切尔是一个有爱的人，她理应得到想要的一切。比尔·盖茨送给雷切尔奶牛，希望可以提高人们对慈善事业的关注，因为，最好的礼物就是把爱的花香传播到四方。

# 驾临得克萨斯的"公主"

2014 年 2 月 21 日，对美国小镇得克萨斯来说，绝对是一个特殊的日子。这一天，上千居民穿着节日的盛装走上街头，他们要去迎接驾临得克萨斯的"公主"。上午 10 点左右，"公主"终于来了，她坐在马车上，穿着漂亮的礼服，在父母的陪同下，巡游整个小镇。"公主"始终微笑着，显得高贵而迷人。

请不要误会，这不是拍摄电视剧，也不是在做梦，而是现实生活中真实的一幕。当然，这位"公主"并不是真正的皇室成员，而是一位普通的患病小女孩，她叫克莱尔，今年刚刚 5 岁。克莱尔本来有一个快乐的童年，却不幸患上了腺泡状横纹肌肉瘤，发现时已是癌症晚期，目前还没有特效药可以治疗。克莱尔一直在和病魔做顽强的斗争，但她的身体却一天天衰弱下去。她的父母在伤心的同时，很想为女儿做点什么，让她不再留有遗憾。

克莱尔从小喜欢听妈妈讲童话，尤其喜欢《白雪公主和七个小矮人》。她想拥有和白雪公主一样的容貌，希望能和白雪公主一样战胜一个又一个困难。她希望身边也能出现勇敢的武士和善良的小矮人，能帮助她战胜"癌症"这个"继母"。克莱尔的妈妈向一家名叫"美梦成真"的公益组织求助，希望他们能帮助克莱尔圆梦。

　　"美梦成真"公益组织把克莱尔的情况发布到网上，征集能帮助她圆梦的志愿者。这条消息在短时间内迅速传播，并且被上万名网友转载。公益组织起初打算召集几百名志愿者，没想到，竟然有一万多人报名参加。很多人甚至从外地特意赶到得克萨斯，就是为了出演公主的一个小粉丝。经过精心策划，一场为克莱尔圆梦的行动展开了。

　　2月21日，因为这个活动而被命名为"公主日"，整个小镇变成了童话故事里皇宫前的广场，市政厅前一字排开两列公主的仪仗队，威严而声势浩荡。当地富豪还专门打造了一驾豪华的马车，供"公主"乘坐。上千居民都愿意在"公主"巡逻时为她助威，还有一些人穿上动物造型的服装，扮演起森林里的各种小动物，也有人扮演武士。在庞大的队伍前面，还有七个小矮人特别引人注目。

　　这七个小矮人的扮演者居然是当地很有声望的珍妮太太和她的姐妹。珍妮太太76岁了，很有爱心，一直在为公益事业忙碌着。这一次，她心甘情愿地扮演起小矮人，双腿屈膝，好让自己看上去矮小。她说，人在生病时需要他人的支持，一个小镇支持一个病人，是一件好事。

　　马车上克莱尔的妈妈和爸爸戴着白手套，穿着华丽的服装，像真正的贵族一样向人群挥手致意。卡莱尔的妈妈看着女儿幸福的笑脸激动地说："今天的得克萨斯，重新给了克莱尔一个童年。"

"公主"的马车缓缓驶来，人们的热情更加高涨。得克萨斯从来没有过如此欢乐的团结。在每一个节点，人们都高呼着克莱尔的名字，许多人还自制了标语"克莱尔公主，我们爱你"，他们是"公主"的臣民和粉丝。"公主"所到之处，人们自觉闪开一条通道，人群中，很多人踮着脚，为了一睹"公主"的容貌。不远处，得克萨斯的镇长正在含笑等待"公主"，他手中捧着一束娇艳的鲜花，他要把鲜花献给高贵的"公主"。

"公主"克莱尔感到很幸福，她没有想到，自己有一天真能成为公主，还坐着马车巡游了整个小镇。她还见到了武士和七个小矮人，他们一定会帮助她战胜病魔，这一点她从来没有怀疑过。为了克莱尔的梦想，得克萨斯小镇投入了大量的公共和民间资源，但无人质疑这是否值得。

第二天，各大媒体都在头版头条报道了这个特殊的"公主日"，报道了这个可爱的"公主"克莱尔。克莱尔一夜成名，成为网络上的热门人物，大约有 1100 万人关注着她的行踪，为她加油叫好。全国很多的热心人士还表示，愿意为克莱尔的病情提供帮助，无论是医疗方面还是资金方面，他们非常乐意为"公主"效劳。得克萨斯镇长还表示，今后，每年这一天，得克萨斯都要过"公主日"，以帮助更多的孩子实现梦想。

　　梦想是一个人最宝贵的东西，何况这是一个患癌小女孩的梦想。一个小镇的集体行动，帮助小女孩完成了梦想，这份心意让人感动。"公主"是美丽而勇敢的，而帮助"公主"的人更是善良的代表。

　　如果爱，请深爱，守护一个孩子的梦想，让这个小镇声名远扬。

# 告倒铁路公司的沙尔斯

2014 年 6 月，荷兰铁路公司接到一个让人吃惊的通知，他们被一个名叫沙尔斯的人告到了北荷兰省法院。因为从阿姆斯特丹至布雷达一线的普通火车改成了高速列车，严重影响沙尔斯陪儿子扬森看风景和讲故事，所以，沙尔斯要求铁路公司对自己所受到的精神伤害给予赔偿。

对于沙尔斯的起诉，荷兰铁路公司负责人感到非常可笑，他顺手就把通知扔到了一边，不予理睬。他想，这一定是碰到了一位想钱想疯了的精神病人，不然，他不会提出如此荒唐的起诉。一个人想要和一个庞大的铁路公司抗衡，这不是太不自量力了吗？何况，高速列车是时代发展的需要，给人们的出行带来不可否认的便捷。一个人和时代较劲，说什么坐高速列车耽误看风景和讲故事，这纯粹是胡搅蛮缠。

没过多久，荷兰铁路公司又接到荷兰最高法院传来的紧急通知，如果铁路公司拒绝辩护的话，就会直接判他们败诉，他们面临的将是数亿欧元的经济赔偿。接到这个紧急通知后，荷兰铁路公司才意识到问题的严重性，公司高层为此专门召开会议，研究对策，并聘请了有名望的律师来和沙尔斯打官司。这个消息传出后，立刻引起了媒体的广泛关注，在社会上引起强烈的反响。一个普通民众状告实力雄厚的铁路公司，谁输谁赢？大家莫衷一是，都在猜测最后的结果。有人认为沙尔斯和儿子受到高速列车的精神伤害，理应得到一个说法。也有人认为，铁路公司一定会赢，因为沙尔斯的事情毕竟只是个案而已。对大多数人来说，还是享受到了高速列车带来的好处。

很快，这个案件在荷兰最高法院开庭，旁听席上坐满了人。在法庭上，铁路公司的律师拿出一份报告，列举了高速列车的很多优点，比如速度快、燃料省、拉近城市距离、推动经济繁荣，除此之外，还给很多人提供了工作岗位。这种低碳交通，已成为各国必然选择。沙尔斯的律师则从客观角度出发，陈述了高速列车是如何影响了沙尔斯的生活，并对他和儿子的精神造成伤害的事实。

原来，沙尔斯在阿姆斯特丹的一家电子公司上班，每天工作时间长，根本没有时间照顾儿子的生活，只好安排儿子扬森上了一家寄宿制学校。扬森刚上小学那年，沙尔斯的妻子不幸在一场车祸中丧生，缺少母爱的扬森性格孤僻，在学校里沉默寡言。但值得庆幸的是，每个月末，沙尔斯会有两天的假期，他能够陪着扬森回到布雷达去探望爷爷奶奶。原来坐普通列车需要几个小时，他们有足够的时间看窗外美丽的风景，窗外盛开着美丽的郁金香，偶尔能看到几只琵鹭在悠闲散步，大风车在咿咿呀呀地转动，运河水默默地流动着。每次坐火车，沙尔斯的心情都会非常安宁，他饶有兴趣地给儿子讲童话故事，扬森也难得一见地露出笑容。可是，自从这条线路改成高速列车之后，不到一个小时，他们就到达目的地，窗外的美景一闪而过，沙尔斯也没有了讲故事的闲情。

沙尔斯的遭遇令人同情，旁听的人一片唏嘘。铁路公司的辩护合理，沙尔斯的起诉有情，法院为此陷入两难境地。无奈之下，法院宣布休庭。法院休庭了，但社会对此事的关注仍在持续发酵。大多数民众支持沙尔斯，他们认为铁路公司应该拿出一部分钱赔偿给沙尔斯。尤其是荷兰的一些家长组织联合起来，他们在报纸、电视台和网络上呼吁，一定要给沙尔斯一个说法，因为他是一个负责任的父亲。

经过多方磋商，最后荷兰铁路公司做出了让步。他们答应给沙尔斯 500 万欧元，并对高速列车对沙尔斯造成的精神伤害表示歉意。此后，荷兰铁路公司开始反思盲目发展高速列车的行为，他们决定暂停阿姆斯特丹到另一个城市的高速列车计划。而沙尔斯在得到赔偿之后，带着扬森离开了阿姆斯特丹，他们决定换一个城市生活，希望能找回原来的快乐心境。

　　一场家长状告著名企业的官司最终落幕，沙尔斯由此成为荷兰家喻户晓的名人。因为他在尽自己的全部努力，来为孩子争取成长的明净空间，让慢生活和慢时光不再是件奢侈的事。

## 亚瑟，请跟我回家

在瑞典，有个名叫米卡埃尔的人最近火得一塌糊涂，他是一名探险家。耐人寻味的是，令他出名的并不是他在探险方面取得的成就，而是他从国外带回的一条流浪小猎狗。

米卡埃尔是个户外探险爱好者，他的梦想就是走遍世界的高山和丛林，去挑战自我，去探求大自然的奥秘，而厄尔瓦多丛林对他有着强大的吸引力。两个月前，他约上三个朋友，开始到厄尔瓦多丛林探险。

探险开始的第二天，他在丛林里发现了一只小猎狗，它蜷缩在地，狼狈不堪。全身污迹斑斑，腿上还有一个伤口在流血。米卡埃尔的心疼了一下，多么可怜的小狗！他打开背包，拿出一盒肉丸子给小猎狗吃。大概是饿极了，小猎狗一口就吞掉了一个大肉丸子，它看着米卡埃尔，眼睛里充满感恩。

从这个善意的无心之举开始，米卡埃尔收获了一份忠诚的友情。小猎狗紧紧地跟在米卡埃尔身后，一步也不离开。他们登山，它在悬崖边磨破了爪子。他们过河，它义无反顾地纵身入水。遇到泥潭，它勇敢地钻到泥中。猛兽来袭，它凶猛地跑到前面御敌。队友们喜欢它的忠诚和毅力，早把它当成一名名誉队友了，他们给小猎狗起了个名，叫亚瑟。

6天后，他们的探险结束了，亚瑟一直跟着米卡埃尔，完成了692千米的长途跋涉。分别即将到来，米卡埃尔紧紧拥抱了亚瑟，然后转身走开。等他再次回头时，亚瑟还紧紧地跟着它，眼神无限凄楚。米卡埃尔意识到，自己已经无法和亚瑟分开，于是，他产生了一个大胆的想法，把亚瑟带回瑞典，给它一个温暖的家。

米卡埃尔的想法得到了队友的支持，但他们面临着重重困难。首先，他要给亚瑟疗伤。亚瑟一身伤痕，似乎还在发烧。米卡埃尔找了当地最好的一家宠物医院，给亚瑟做了详细的身体检查。亚瑟住院期间，米卡埃尔陪在它的床前，细心呵护，一刻也不离开。

米卡埃尔还向瑞典农业委员会提出收养亚瑟的申请，瑞典对收养异国宠物有严格的条例审核，小猎犬属于危险犬种，瑞典国内是禁止饲养的。如果申请得不到批复，他还是无法把亚瑟带回国。米卡埃尔在网上发了一个帖子，上传了亚瑟的照片，详细讲述了自己和亚瑟的故事，希望得到网友的支持。他的帖子在短时间内被广泛转发，很多人给瑞典农业委员会写信，呼吁批准米卡埃尔的申请。在等待结果的日子里，米卡埃尔忐忑不安。

终于，米卡埃尔得到了瑞典农业委员会的准许批复，几天后，他和队友带着亚瑟回到了瑞典。很多市民早已经等候在机场，他们举着鲜花，欢迎他和亚瑟的归来。随后，多家媒体邀请米卡埃尔带着亚瑟去做节目，亚瑟简直成了明星宠物，受到了不一般的礼遇。

有人问米卡埃尔为什么这么做，为了一只流浪狗值得这么大费周章吗？米卡埃尔说："在你眼里，它只是一只狗。对我而言，它是我最忠诚的战友。它以无畏的勇敢和我并肩作战，我当然要给它一个家，给它温暖。"

的确，不是每个人都能像米卡埃尔一样，可以坚定不移地把流浪狗带回国，带回家。但我们至少可以向米卡埃尔看齐，在下一次遇到流浪狗时，给它一点帮助，而不是冷漠地走开。

## 一碗面，温暖了冬天

　　一碗普通的面条，却在 2013 年 1 月迅速成为郑州市民的美食首选，每天不到中午，只有 8 张 4 人桌的面馆就坐满了人，还有一些人为了吃面自觉地在面馆前排起长队。这个位置偏僻的简陋面馆，生意为什么如此火爆呢？

　　原来，面馆的主人李刚得了恶性骨肉瘤，需要一大笔治疗费用。他家境贫寒，和妻子在街边烤了 4 年的肉串，没赚几个钱。现在和朋友合伙经营"李记卤肉刀削面馆"，又生意清淡，根本拿不出巨额的医疗费。他想过放弃治疗，但为了不离不弃的妻子，懂事乖巧的女儿，他又想治好病，一切从头再来，负起家庭的责任。于是，李刚在网上发出一个求助帖："来我店里吃碗面"，希望网友们外出吃饭时能到他家的面馆去，让妻子多赚一点钱。

　　帖子发出以后，李刚并没有抱太大的希望，自己不是名人，关注者寥寥，帖子肯定会湮没在海量的信息中。没想到，当晚，微博 @ 刘言非语发出微博，转发量 2000 余次，李刚一家的遭遇引起全国网友的关注，帖子被迅速转发扩散。一位网友评价说："帖子措辞朴实，没有为吸引眼球而耸人听闻，也没有连篇的惊叹号，这种真诚和坦率无法拒绝。"

于是，相约吃面成了郑州城里的一股风潮，微博上熟人之间都在问"你啥时候去吃面？"，都在相约，"走，咱们吃面去。"数以万计的网友忘记了道路的拥堵，冒着严寒，从四面八方赶到这个不太好找的面馆，心甘情愿地让李刚的妻子"多赚一点儿钱"。

一位中年男士进门点了一碗面，然后硬塞给李刚的妻子井小敏100元钱，他说："谁都有难处，帮不了太大的忙，一点微薄之力吧。"在收银台，时不时听到拿整钱的顾客说"不用找了"。有人吃一碗面，悄悄在碗下压200—500元钱，名字不留就走了。有三个结伴来吃面的小伙子，看到人手不够，就去帮忙端汤、点餐，俨然是跑堂的伙计。"爱心的哥王伟""赶着毛驴逛街"等人"组团"来吃面，有位的哥还从禹州赶来。因店里人多，几位的哥站在店外头排队等着。

一天下来卖掉近300碗面，一天内现场又接到捐款5100元，这还不算全天营业额和李刚银行卡里接到的捐款。面对大家的真情帮助，井小敏非常感激，但是她不能接受吃面以外的钱。这个纯朴的女子认为，劳动所得的钱用着踏实，再困难也不能让大家捐款。实在推辞不掉，就当是借的，她坚持让顾客留下姓名电话，说等老公病好了，一定把大家救急的钱都还回去。

"走吧，咱们去吃面"，成了微博上最时尚的句式。网友@车间阿猫真诚地说:"我相信这个世界上，比我们有爱心的，大有人在!"@新华视点认为，求助不是乞讨，爱心不是施舍，顺道吃碗面，让爱心没有压力，社会需要这样的温暖与真情!

面馆很偏，大家争相前往;名字很土，大家觉得亲切;面不算有特色，网友觉得特香。一个破天荒的面馆"广告"，一次次"组团去吃面"的承诺，一个个前赴后继的爱的剪影……一碗面条谱写了一曲温暖的歌。

人们无私的帮助，给了李刚欣慰和感动，也让李刚一家看到了希望。

一碗面的爱心，感动了一座城市;"郑"能量的传递，温暖了这个冬天。